高职高专项目式实践类系列教材

工业机器人编程技术及实践

主　编　朱亚红　张　郭　谢　祥

参　编　杨小强　余金洋　郑富友

刘　静　蒋祥龙

主　审　邓文亮

西安电子科技大学出版社

内 容 简 介

本书根据高职教育特点，立足于学生实践与应用技术能力的培养，力求在实训项目、内容、体系和方法上有所创新，将理论知识与技能实训相结合，兼顾“1＋X”职业资格考试理论与技能知识统筹覆盖，从以知识体系为中心向以能力达标为中心转变，并借助华中数控工业机器人实训平台，以任务驱动的模式进行项目设计。

全书共7个实训项目，分别为工业机器人基础知识及其操作应用、工业机器人搬运及其操作应用、工业机器人码垛及其操作应用、工业机器人离线编程与应用、工业机器人涂胶及其操作应用、工业机器人焊接及其操作应用和工业机器人综合应用等。

本书既可作为中、高职院校及技校工业机器人、机电一体化等专业的教材，也可作为工业机器人的培训教材，还可作为从事工业机器人技术研究、开发的工程技术人员的参考书。

图书在版编目(CIP)数据

工业机器人编程技术及实践 / 朱亚红，张郭，谢祥主编. —西安：西安电子科技大学出版社，2020.9
ISBN 978-7-5606-5869-8

Ⅰ. ① 工… Ⅱ. ① 朱… ② 张… ③ 谢… Ⅲ. ① 工业机器人—程序设计 Ⅳ. ① TP242.2

中国版本图书馆 CIP 数据核字(2020)第 161564 号

策划编辑　万晶晶
责任编辑　刘　霜　万晶晶
出版发行　西安电子科技大学出版社(西安市太白南路2号)
电　　话　(029)88242885　88201467　　　邮　　编　710071
网　　址　www.xduph.com　　　电子邮箱　xdupfxb001@163.com
经　　销　新华书店
印刷单位　咸阳华盛印务有限责任公司
版　　次　2020年9月第1版　2020年9月第1次印刷
开　　本　787毫米×1092毫米　1/16　印张 12
字　　数　278千字
印　　数　1～2000册
定　　价　30.00元
ISBN　978-7-5606-5869-8 / TP
XDUP 6171001-1

序

“高职高专项目式实践类系列教材”是在贯彻落实《国家职业教育改革实施方案》(简称“职教20条”)文件精神，推动职业教育大改革、大发展的背景下，结合职业教育“以能力为本位”的指导思想，以服务建设现代化经济体系为目标而组织编写的。在新经济、新业态、新模式、新产业迅猛发展的高要求下，本系列教材以现代学徒制教学为导向，以“1+X”证书结合为抓手，对接企业、行业岗位要求，围绕“素质为先，能力为本”的培养目标构建教材内容体系，实现“以知识体系为中心”到“以能力达标为中心”的转变，开展人才培养的实践教学。

本系列教材编审委员会于2019年6月在重庆召开了教材编写工作会议，确定了此系列教材的名称、大纲体例、主编及参编人员(含企业、行业专家)等主要事项，决定由重庆科创职业学院为组织方，聘请高职院校的资深教授和企业、行业专家组成教材编写组及审核组，确定每本教材的主编及主审，有序推进教材的编写及审核工作，确保教材质量。

本系列教材坚持理论知识够用，技能实战相结合，内容上突出实训教学的特点，采用项目制编写，并注重教学情境设计、教学考核与评价，强化训练目标，具有原创性。经过组织方、编审组、出版方的共同努力，希望本套“高职高专项目式实践类系列教材”能为培养高素质、高技能、高水平的技术应用型人才发挥更大的推动作用。

高职高专项目式实践类系列教材编审委员会

2019年10月

前　　言

本书是在贯彻落实《国家职业教育改革实施方案》(简称“职教20条”)文件精神，推动职业教育大改革、大发展的背景下，结合职业教育“以能力为本位”的指导思想，以工业机器人编程中的典型实训项目为载体，将教学、训练、职业资格考试理论与技能知识考点统筹编写而成。

本书的主要特色如下：

· 前瞻性强

工业机器人专业是一个服务于经济社会发展的新专业。本书包含符合工业机器人高职人才培养方案的工业机器人机构、编程和综合应用等内容，是针对工业机器人专业职业教学的一次有效、有益的大胆尝试。

· 系统性强

本书根据工业机器人、自动化、机电一体化等专业开设的工业机器人编程技术课程的需要而编写，引入了工业机器人实训项目；根据企业应用的需求，组织行业企业带头人和一线教师共同编写，为课程体系建设提供了必要的系统性支撑。

· 多元化考评体系，促进教学与“1+X”证书结合

为加强对学生专业技能和综合素质的培养，注重学生在完成学习实训任务过程中的考评，本书在每个技能训练项目的任务表中皆给出了明确且详细的考评标准，并将工作习惯、协作精神等纳入考核内容。同时将《工业机器人操调工》国家职业标准考纲要求的知识与技能考纲、考点融入实训项目中，将教学内容与“1+X”职业资格证书紧密结合，强化学生认知。

全书共7个实训项目，分别为工业机器人基础知识及其操作应用、工业机器人搬运及其操作应用、工业机器人码垛及其操作应用、工业机器人离线编程与应用、工业机器人涂胶及其操作应用、工业机器人焊接及其操作应用和工业机器人综合应用等。本书以任务实施的模式驱动教学过程，完成技能

的训练与知识的学习，可使读者的实践水平逐步提高。

本书由朱亚红、张郭、谢祥担任主编，朱亚红负责全书的统稿工作；邓文亮担任主审，负责全书审稿工作。全书具体编写分工为：实训项目一、二和附录部分由朱亚红和刘静共同编写，实训项目三、六由谢祥和蒋祥龙共同编写，实训项目四由杨小强和郑富友(企业工程师)共同编写，实训项目五由张郭和余金洋(企业工程师)共同编写，实训项目七由张郭编写。

本书参考学时如下：

课 程 内 容	学 时
实训项目一　工业机器人基础知识及其操作应用	8
实训项目二　工业机器人搬运及其操作应用	10
实训项目三　工业机器人码垛及其操作应用	10
实训项目四　工业机器人离线编程与应用	8
实训项目五　工业机器人涂胶及其操作应用	8
实训项目六　工业机器人焊接及其操作应用	8
实训项目七　工业机器人综合应用	12
总　计	64

由于编者水平有限，书中难免存在不足之处，恳请广大读者批评指正，以便再版时进一步完善。

编　者

2019 年 10 月

目　录

实训项目一　工业机器人基础知识及其操作应用 1
任务　工业机器人基本操作应用 1
知识链接　工业机器人基础 2
技能训练　硬件安装与调试 6
项目小结 9
思考与练习 9
实训项目二　工业机器人搬运及其操作应用 10
任务一　编程基础及坐标系的操作 10
知识链接　编程基础 11
技能训练　坐标系设定 15
任务二　示教搬运程序 19
知识链接　编程指令 19
技能训练　示教搬运 22
项目小结 28
思考与练习 28
实训项目三　工业机器人码垛及其操作应用 29
任务　工业机器人码垛应用 29
知识链接　码垛机器人特点 30
技能训练　工业机器人码垛程序编写 36
项目小结 54
思考与练习 54
实训项目四　工业机器人离线编程与应用 55
任务　工业机器人离线编程 55
知识链接　机器人编程方式 56
技能训练　离线编程 80
项目小结 115
思考与练习 115
实训项目五　工业机器人涂胶及其操作应用 116
任务　工业机器人涂胶应用 116

知识链接　涂胶机器人简介及软件安装......117
技能训练　机器人涂胶程序的编写与调试......119
项目小结......128
思考与练习......128
实训项目六　工业机器人焊接及其操作应用......129
任务　工业机器人焊接应用......129
知识链接　焊接机器人简介......130
技能训练　机器人弧焊程序的编写与调试......143
项目小结......146
思考与练习......146
实训项目七　工业机器人综合应用......147
任务　工业机器人综合应用......147
知识链接　总控软件介绍......148
技能训练　工业机器人综合应用......149
项目小结......155
思考与练习......155
附录A　工业机器人部分参数表......156
附录B　工业机器人部分参考程序......162
参考文献......183

实训项目一　工业机器人基础知识及其操作应用

项目分析

本项目介绍工业机器人的基本概念、发展历史、分类、组成及技术参数，使读者对机器人有一个清晰的认识；同时以HSR-JR605工业机器人为例，使读者熟练掌握工业机器人的控制方式和手动操作方法，能够使用示教器进行简单的轨迹程序设计。

知识目标

(1) 了解工业机器人的发展史及定义。
(2) 了解工业机器人的分类。

能力目标

(1) 能够识别工业机器人的各组成部分。
(2) 掌握工业机器人职业技能平台各组成部分所起的作用。

任务　工业机器人基本操作应用

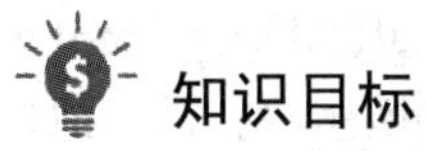

任务目标

(1) 认识各种工业机器人。
(2) 掌握工业机器人的基本概念及技术参数。
(3) 认识工业机器人职业技能平台中的各组成部分。
(4) 了解工业机器人职业技能平台各组成部分的作用。
(5) 理解整个平台中各组成部分之间的控制关系。

知识链接　工业机器人基础

一、机器人发展史

1954 年，美国的乔治·德沃尔(George Devol)提出工业机器人的思想，发明了一种可编程的关节型搬运装置。该装置的特点是借助伺服技术控制机器人的关节，利用人手对机器人进行示教，机器人能实现动作的记录和再现，这就是所谓的示教再现机器人。在此基础上，1958 年，美国 Consolidate(统一)公司制造了第一台工业机器人；1962 年，美国 NMF 公司推出了 Verstran(万能搬运)型机器人，Unimation 公司推出了 Unimate(万能伙伴)型机器人。这些工业机器人就是早期机器人的雏形。20 世纪 70 年代后，焊接、喷漆机器人相继在工业中得到应用和推广。随着计算机技术、控制技术、人工智能的发展，机器人技术也得到了迅速发展，出现了更为先进的具有视觉、触觉功能的智能机器人。

从应用领域来看，工业机器人主要集中在制造业的焊接、装配、机加工、电子、精密机械等领域。随着机器人的普及应用，工业机器人技术也取得了较快发展。21 世纪制造业已进入一个新的阶段，由面向市场生产转向面向顾客生产，敏捷制造业(Agile Manufacturing Enterprise)将是未来企业的主导模式，以机器人为核心的可重组的加工和装配系统，已成为工业机器人和敏捷制造业的重要发展方向。工业机器人的发展如图 1-1 所示。

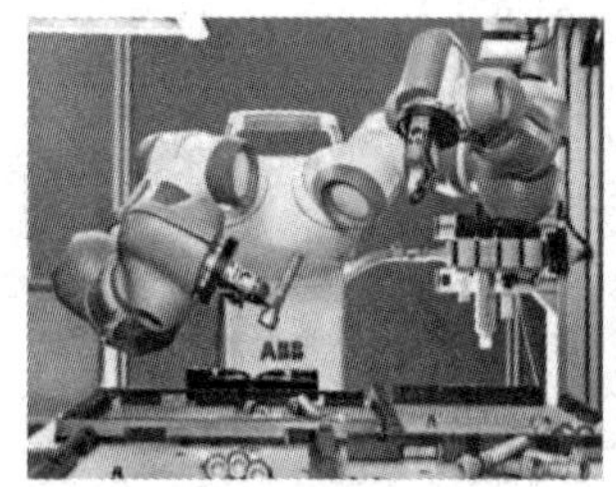

(a) 轻量化双臂机器人 ABB YuMi

(b) 高负载协作机器人 FANUC CR-35iA

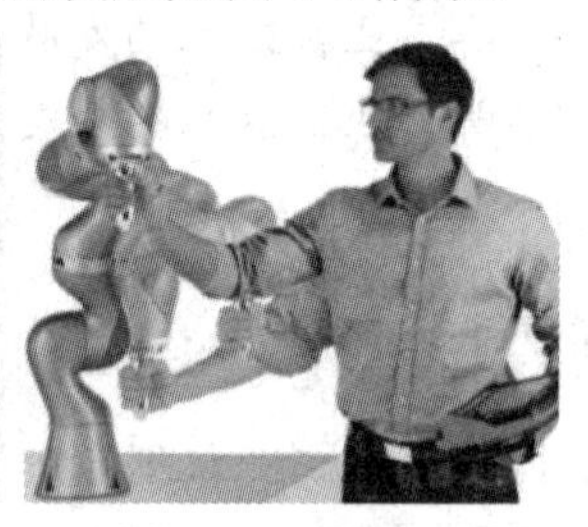

(c) KUKA 轻型灵敏机器人 LBRiiwa

(d) 雄克球形模块化机器人

(e) Rethink Robotics Sawyer 机器人

(f) Egemin AGV 移动机器人

图 1-1　工业机器人的发展

我国机器人学研究起步较晚，但进步较快，20 世纪 70 年代为探索期，80 年代为开发期，90 年代为实用化期，90 年代后期我国机器人在电子、家电、汽车、轻工业等行业的安装数量逐年递增。特别是我国加入世界贸易组织(WTO)后国际竞争更加激烈，用户对高质量和多样化商品的要求普遍提高，生产过程的柔性自动化要求日益迫切，汽车行业的迅猛发展更是带动了机器人产业的空前繁荣。2015 年，国内版工业 4.0 规划——《中国制造 2025》行动纲领中提到，我国要大力推动优势和战略产业，快速发展机器人，包括医疗健康、家庭服务、教育娱乐等服务机器人的应用需求。

二、工业机器人的定义

在科技界，科学家会给每一个科技术语一个明确的定义，但是机器人问世已有几十年，机器人的定义仍是仁者见仁，没有统一的意见。原因就是机器人技术一直处在高速发展的过程中，新的机型、功能不断涌现，其定义也不断被修改。

国际标准化组织(International Standard Organization, ISO)对机器人的定义：机器人是一种自动的、位置可控的、具有编程能力的多功能操作机，这种操作机具有几个轴，能够借助可编程操作来处理各种材料、零件和专用装置，执行各种任务。

日本工业机器人协会(Japan Industrial Robot Association, JIRA)对机器人的定义：机器人是一种带有存储器件和末端操作器的通用机械，它通过自动化的动作代替人类劳动。

在我国 1989 年的国家标准草案中，工业机器人被定义为：一种能自动定位控制，可重复编程的、多功能的、多自由度的操作机。操作机被定义为具有和人手臂相似的动作功能，在空间抓取物体或进行其他操作的机械装置。

尽管不同组织和国家对机器人的定义不同，但基本上指明了机器人所具有的共同点：

(1) 机器人的动作机构具有类似人或其他生物某些器官的功能，即仿生特征。

(2) 机器人是一种自动机械装置，可以在无人参与的情况下(独立性)自动完成多种操作或动作功能，即自动特征。

(3) 可以再编程，程序流程可变，对作业具有广泛的适应性，即柔性特征。

(4) 具有不同程度的智能性，如记忆、感知、推理、决策和学习，即智能特征。

三、机器人的分类

1. 按机械结构类型分类

机器人按照机械结构类型分类见表 1-1。

表 1-1　机器人按机械结构类型分类

名称	直角坐标(或笛卡尔坐标)机器人	圆柱坐标机器人	球坐标(极坐标)机器人	摆动式机器人	关节机器人	SCARA (Selective Compliance Assembly Robot Arm) 机器人	并联(杆式)机器人	自动导引车(Automated Guided Vehicle, AGV)机器人
特点	手臂具有3个滑动关节，其轴按直角坐标配置	手臂至少有1个旋转关节和1个滑动关节，其轴按圆柱坐标配置	手臂有2个旋转关节和1个滑动关节，其轴按极坐标配置	机械结构包含1个万向关节转动的极坐标机器人	手臂具有3个或更多个旋转关节	具有两个平行的旋转关节，以便在所选择的平面内提供具有较高柔顺性的机器人	手臂含有组成闭环结构杆件的机器人	沿标记、外部命令指示或预设路径移动的移动平台

2. 按驱动方式分类

机器人按驱动方式分类见表 1-2。

表 1-2　机器人按驱动方式分类

分类	特　点
气压型工业机器人	以驱动气体来驱动操作机，其优点是空气来源方便、动作迅速、结构简单、造价低、无污染；缺点是空气具有可压缩性，导致工作速度的稳定性较差，这类工业机器人的抓举力较小，一般只有几十牛顿
液压型工业机器人	液压压力比气压压力大很多，故液压型工业机器人具有较大的抓举能力，可达上千牛顿。这类工业机器人结构紧凑、传动平稳、动作灵敏，但对于密封性要求较高，且不宜在高温或低温的恶劣环境下使用
电动型工业机器人	目前用得最多的一类机器人，不仅因为电动机品类众多，为工业机器人设计提供了多种选择，也因为可以运用多种灵活控制的方法；早先多采用步进电机驱动，后发展了直流伺服驱动单元，或是直接驱动操作机，或是通过诸如减速器的装置来减速后驱动，其结构设计十分紧凑、简单

四、工业机器人的组成

工业机器人由主体、驱动系统和控制系统三个基本部分组成。

(1) 主体即机座和执行机构，包括臂部、腕部和手部，有的机器人还有行走机构。大多数工业机器人有 3～6 个运动自由度，其中腕部通常有 1～3 个运动自由度。

(2) 驱动系统包括动力装置和传动机构，用以使执行机构产生相应的动作。

(3) 控制系统是按照输入的程序对驱动系统和执行机构发出指令信号并进行控制。

五、平台总体框架介绍

工业机器人职业技能平台(以武汉华中数控股份有限公司的平台为例)依托《工业机器人操作调整工》职业技能标准而设计。该平台以工业机器人多功能实训台为原型，添加了适合于院校教学的视觉系统、立体仓库等模块，而且该平台(如图 1-2 所示)已经过大量实际检验，技术成熟、稳定可靠。该平台主要由 HSR-JR605 六轴工业机器人、自动上料模块、视觉 PC 平台、标定工具、码垛工作台、总控上位软件等组成。该平台融合了工业机器人夹具的安装调试、智能视觉系统的调试与应用、工业机器人编程与调试、总控单元运行与应用等工作流程。

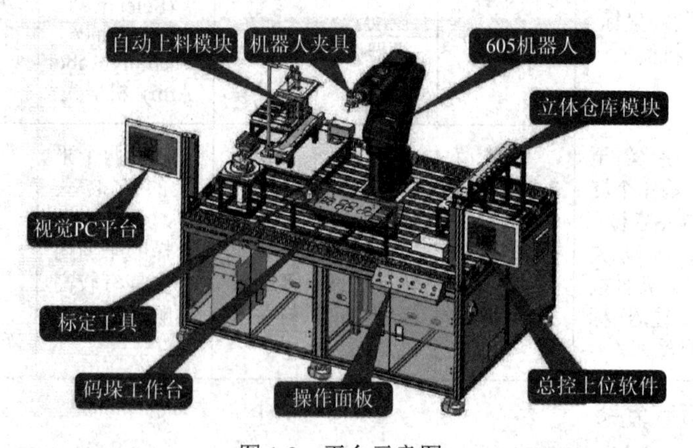

图 1-2　平台示意图

该平台外形整体尺寸为 1850 mm × 1300 mm × 1700 mm(含 HSR-JR605 工业机器人)，采用工作台设计方式，底部配有福马轮，便于移动与固定。

六、工业机器人职业技能平台各模块功能

(1) HSR-JR605 机器人本体：即机座和执行机构，出于拟人化的考虑，常将机器人本体的有关部分分别称为基座、腰部、臂部、腕部、手部(夹持器或末端执行器)和行走部(对于移动机器人)等。HSR-JR605 工业机器人具有广泛的通用性、良好的灵活性，大量应用于 3C、电子等行业，同时，较小的工作半径和额定载荷可在保证实现功能效果的前提下，确保教学和操作人员的安全，防止发生意外。

(2) 驱动装置：驱使执行机构运动的机构，按照控制系统发出的指令信号，借助动力元件使机器人进行动作，它输入的是电信号，输出的是线、角位移量。

(3) 视觉系统：可以用来识别物料的型号、颜色并定位到物体坐标，分别发送给总控 PLC(Programmable Logic Controller)和机器人控制器，引导机器人抓取已定位的目标。

(4) 自动上料模块：通过 PLC 程序控制，使物料可以自动移送至指定的位置，以便于机器人进行抓取物料操作。

(5) 仓库：用于存放机器人抓取搬运过来的物料。

(6) 模拟焊接：用于机器人对三通管件焊接操作。

(7) 码垛工作台：机器人进行码垛操作时需要的工作台。

(8) 工业摄像机：机器视觉系统中的一个关键组件，其最本质的功能就是将光信号转变成有序的电信号。

(9) 光学镜头：机器视觉系统中必不可少的部件，直接影响成像的质量，以及算法的实现和效果。

(10) 照明光源：发光装置发出可供摄像机使用的可见光。

(11) 光源控制器：主要作用是给光源供电，同时调节光源的明暗程度。

(12) 物料仓：用于分别存放圆形物料、方形物料、矩形物料，每种物料都有两种颜色，即红色和蓝色。

七、硬件安装与调试注意事项

(1) 物料仓底部开孔处装有一个漫反射式传感器，它内部自带一个光源和一个光接收装置，当物料仓物料充足时，光源发出的光经过物料的反射被光敏元件接收，然后经过相关电路的处理得到所需要的信息并发送给总控 PLC，用于检测物料仓内的物料是否充足。

(2) 若有物料，传感器检测到信号，总控 PLC 相对应的点位灯为绿色。

(3) 若没有物料，传感器检测不到信号，则总控 PLC 相对应的点位灯不亮。

(4) 当有物料经过时，传送带末端的传感器将圆形物料到位信息发送给总控 PLC。

(5) 当有物料经过漫反射式传感器时，传感器将信息发送给总控 PLC，总控 PLC 接收信息后会给电机发送指令，让电机停止运转，使传送带上的物料停止运动，并固定在视觉系统下面。

(6) 漫反射式传感器内部自带一个光源和一个光接收装置，光源发出的光经过物料的反射被光敏元件接收，然后经过相关电路的处理得到所需要的信息。它的最大检测有效距离为 300 mm，检测范围为 0 mm～250 mm，传感器末端出线的地方有个小螺丝(实际上是一个电位计)，用小镙丝刀轻轻扭动，即可实现距离远近调试功能。在安装漫反射式传感器时，调整传感器的位置，让传感器与物料间的距离在检测范围内，使其发出的光源能够全部照射到物料上，经过物料的反射被光敏元件接收，再经过相关电路的处理得到所需要的信息，发送给总控 PLC。若 PLC 与之对应的输入点位的显示灯变为绿色，则该位置即为合适的安装位置。

(7) 推料气缸初位和末位装有磁性开关，当气缸磁环移动靠近磁性开关的时候，磁性开关的磁簧片就会被感应，触点闭合，产生信号，指示灯亮。当气缸的磁环离开感应开关区域的时候，磁簧片失去感应的磁性，触点断开，不会产生信号，指示灯灭。气缸通过初位和末位上安装的磁性开关给总控 PLC 发送信号，PLC 接收信号后控制电磁阀动作，然后电磁阀接通气路或关闭气路控制气缸的伸缩运动，将指定的物料推送至传送带上。在安装磁性开关的时候，要特别注意磁性开关的安装位置。微调磁性开关的位置，使其在气缸的初位和末位时能够使磁性开关的指示灯亮，则该位置即为合适的安装位置。

(8) 气缸进气管接在一个节流阀上，通过调节节流阀旋钮可以改变进气量的大小，控制气缸伸缩时的速度。

(9) 联轴器联结电机与传送带，可通过改变电机的速度进而改变传送带的速度。

(10) 由于物料质量很轻，故传送带上不需要张紧装置，张紧力在一般情况下不需要调节。若由于外界因素使传送带张紧或松弛，则可通过调节传送带上相应位置的螺钉松紧程度来调节传送带的张紧和松弛度。

(11) 伺服驱动器的供电接口与伺服电机的动力线接口相连，伺服驱动器给伺服电机提供动力使其运转，伺服电机又与物件通过联轴器相连并带动物件一起运转，伺服电机信号线将当前运行状态反馈给伺服驱动器，如此就会形成一个闭环反馈控制回路，使控制精度更高。

技能训练　硬件安装与调试

一、实训目的

掌握工业机器人夹具的安装与调试方法。

二、实训器材

电磁阀、气管、传感器等。

三、实训注意事项

(一) 注意事项

(1) 机器人使用人员必须对自己的安全负责。

(2) 机器人程序的设计人员、机器人系统的设计人员和调试人员、安装人员必须熟悉机器人的编程方式、系统应用及安装。

(3) 机器人可以以很高的速度移动很大的距离。

(4) 机器人断电后，需要等待放电完成才能再次上电。

(二) 不可使用机器人的场合

(1) 燃烧的环境。

(2) 有爆炸可能的环境。

(3) 无线电干扰的环境。

(4) 水中或其他液体中。

(5) 不可运送人或动物。

(6) 不可攀附。

(7) 其他不可使用的场合。

(三) 安全操作规程

1. 示教和手动控制机器人

(1) 在点动操作机器人时，要采用较低的速度倍率。

(2) 在按下示教盒上的点动运行键之前，要考虑机器人的运动趋势。

(3) 要预先考虑好避让机器人的运动轨迹，并确认该线路不受干扰。

(4) 机器人周围区域必须保持清洁，无油、水及杂质等。

2. 生产运动

(1) 在开机运行前，必须知道机器人根据所编程序将要执行的全部任务。

(2) 必须知道所有会影响机器人移动的开关、传感器和控制信号的位置和状态。

(3) 必须知道机器人控制器和外围控制设备上的紧急停止按钮的位置，以备在紧急情况下使用这些按钮。

(4) 永远不要认为机器人没有移动，程序就已经完成，因为这时机器人很有可能正在等待让它继续移动的输入信号。

四、实训操作

(1) 按照如图 1-3 所示的气动原理图完成夹具气路的连接(气管与气管接头的连接)。

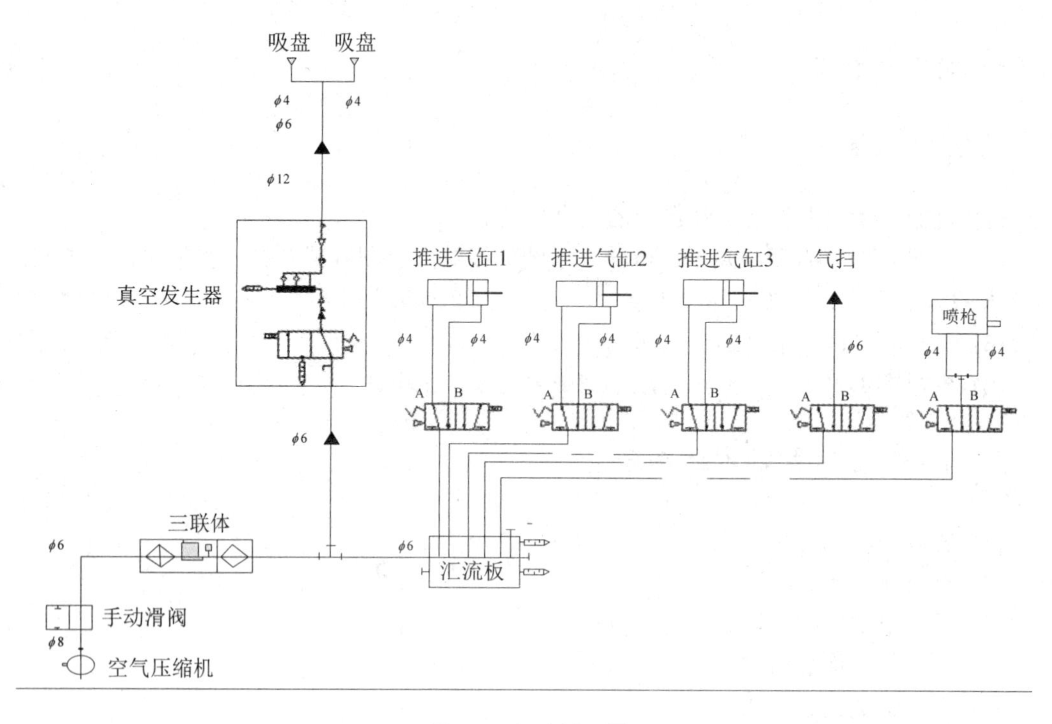

图 1-3　气动原理图

(2) 夹具吸盘、喷嘴的调试(喷嘴的打开与关闭，吸盘的真空发生与破坏，吸盘的真空反馈)，如图 1-4 所示。

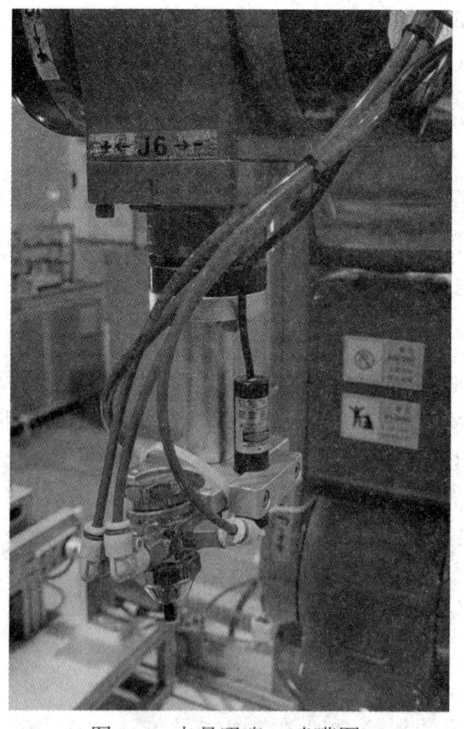

图 1-4　夹具吸盘、喷嘴图

五、实训考核

根据完成实训综合情况给予考核，考核细则及评分如表 1-3 所示。

表 1-3　实训考核表

基本素养(30 分)					
序号	考核内容	分值	自评	互评	师评
1	纪律(无迟到、早退、旷课)	10			
2	安全操作规范	10			
3	参与度、团队协作能力、沟通交流能力	10			
理论知识(30 分)					
序号	考核内容	分值	自评	互评	师评
1	HSR-JR605 机器人的主要功能	10			
2	视觉系统的功能	10			
3	工业摄像机的本质	10			
技能操作(40 分)					
序号	考核内容	分值	自评	互评	师评
1	空气压缩机的开/关	10			
2	真空发生器的调节	10			
3	漫反射传感器的安装与调试	10			
4	吸盘、喷嘴的安装与调试	10			
总分		100			

项目小结

本项目主要介绍了工业机器人的基本概念、发展历史、分类、组成及技术参数，同时介绍了工业机器人职业技能平台各模块功能及安全注意事项。

思考与练习

1. 工业机器人职业技能平台由哪些模块组成？简述各模块的功能。
2. 漫反射传感器的作用是什么？

实训项目二　工业机器人搬运及其操作应用

项目分析

搬运机器人是经历人工搬运、机械手搬运两个阶段发展而来的自动化搬运作业设备。搬运机器人的出现，不仅可提高产品的质量与产量，而且对保障人身安全、改善劳动环境、减轻劳动强度、提高劳动生产率、节约原材料消耗以及降低生产成本有着十分重要的意义。机器人搬运物料将成为自动化生产制造的必备环节，搬运行业也将因搬运机器人的出现而开启"新纪元"。

本实训项目要求：通过学习，掌握搬运机器人的特点、基本系统组成、周边设备和作业程序，并能掌握搬运机器人作业示教的基本要领和注意事项。

知识目标

(1) 了解搬运机器人的分类及特点。
(2) 掌握搬运机器人的系统组成及功能。
(3) 熟悉搬运机器人作业示教的基本流程。
(4) 熟悉搬运机器人的周边设备与布局。
(5) 熟悉示教器的操作界面及基本功能。

能力目标

(1) 能够识别搬运机器人工作站的基本构成。
(2) 能够进行搬运机器人的简单作业示教。
(3) 能够使用示教器进行简单的轨迹程序设计。
(4) 能够建立合适的工具坐标系和基本坐标系。

任务一　编程基础及坐标系的操作

任务目标

本任务拟通过对机器人坐标系操作的练习，使学生掌握机器人程序的基本操作。

知识链接　编程基础

一、程序的基本信息

程序是为了让机器人完成某种任务而设置的动作顺序描述，通过示教操作和机器人编程指令产生的示教数据都将保存在程序中。当机器自动运行时，将按照执行程序所保存的数据和指令所要求的轨迹运动。

在对机器人进行搬运程序示教编程之前，需要熟悉机器人程序的相关操作。

HSR(HuaShu Robot，华数机器人)控制器对机器人程序定义了严格的规范，即运行于控制器的一个机器人程序的基本信息包括如下 7 部分。

(1) 程序名：用以识别存入控制器内存中的程序，在同一个目录下不能包含两个或更多拥有相同程序名的程序。程序名由字母、数字、下划线组成，长度不超过 8 个字符。

(2) 程序注释：程序注释连同程序名一起被用来描述、选择界面上显示的附加信息。与程序名相关(非程序内容注释)，最长 16 个字符，由字母、数字及符号组成。新建程序之后可在程序选择中修改程序注释。

(3) 子类型：用于设置程序文件的类型。

(4) 组标志：设置程序操作的动作组，且必须在程序执行前设置。

(5) 写保护：用于指定该程序可否被修改。若设置为“是”，则程序名、注释、子类型、组标志等不可被修改。若此项设置为“否”，则程序信息可被修改。当程序创建且操作确定后，可将此项设置为“是”来保护程序，防止他人或自己误修改。

(6) 程序指令：包括运动指令、寄存器指令等示教中涉及的所有指令。

(7) 程序结束标志：程序结束标志(END)自动在程序的最后一条指令的下一行显示。只要有新的指令添加到程序中，程序结束标志就会在屏幕上向下移动，所以它总在最后一行显示。当执行完最后一条指令后，程序执行到程序结束标志时，就会自动返回到程序的第一行并终止。

二、机器人控制柜面板与示教器

机器人控制柜面板如图 2-1 所示。

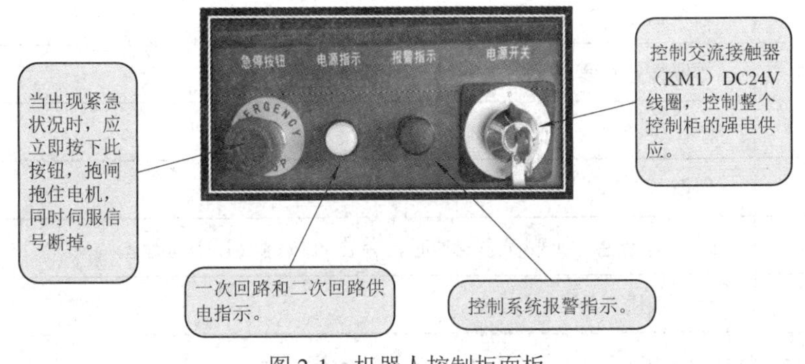

图 2-1　机器人控制柜面板

示教器正面面板如图 2-2 所示，详细介绍如表 2-1 所示。

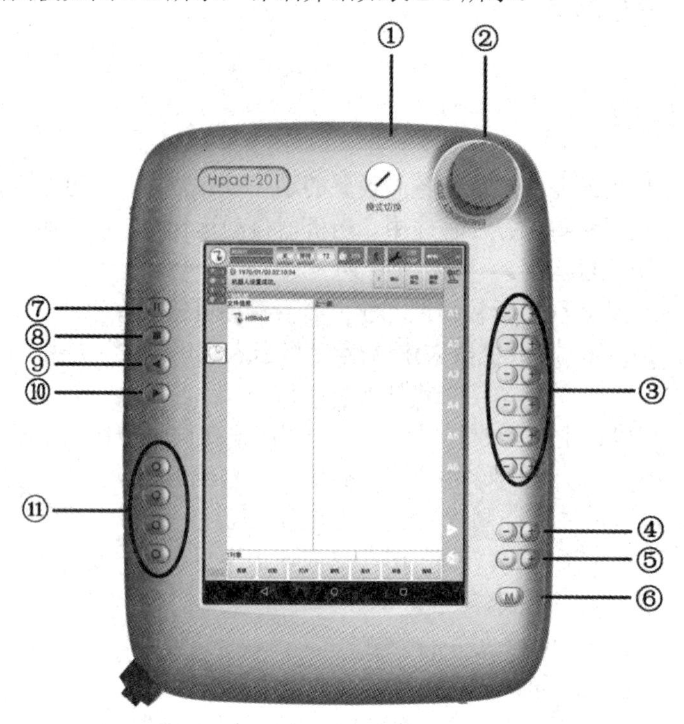

图 2-2　示教器正面面板

表 2-1　示教器正面面板详细介绍

标签项	说　明
①	钥匙开关：可以通过连接控制器切换运行模式
②	紧急停止按键：用于在危险情况下使机器人停机
③	点动运行键：用于手动移动机器人
④	设定程序调节量的按键：用于自动运行倍率调节
⑤	设定手动调节量的按键：用于手动运行倍率调节
⑥	菜单按钮：可进行菜单和文件导航器之间的切换
⑦	暂停按钮：程序运行时，暂停其运行
⑧	停止键：可停止正在运行中的程序
⑨	预留
⑩	开始运行键：加载程序成功时，单击该按键后开始运行
⑪	辅助按键

示教器反面面板如图 2-3 所示，详细介绍如表 2-2 所示。

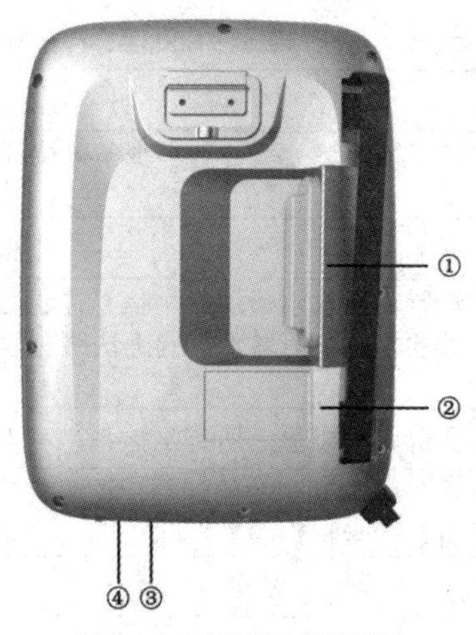

图 2-3　示教器反面面板

表 2-2　示教器反面面板详细介绍

标签项	说　明
①	调试接口
②	三段式安全开关，有 3 个位置，即未按下、中间位置、完全按下。在运行方式为手动 T1 或手动 T2 中，确认开关必须保持在中间位置，方可使机器人运动。在采用自动运行模式时，安全开关不起作用
③	HSpad-201 标签型号粘贴处
④	优盘 USB 插口：用于存档/还原等操作

示教器编程主界面及菜单如图 2-4 和图 2-5 所示，详细介绍如表 2-3 和表 2-4 所示。

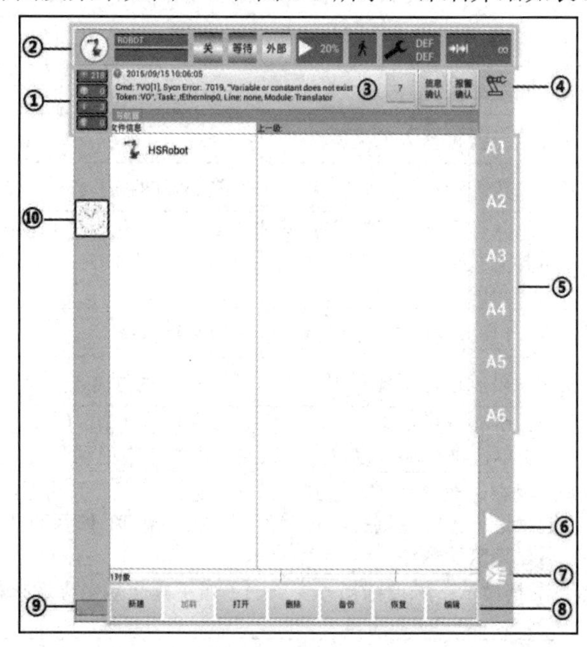

图 2-4　编程主界面

表 2-3　编程主界面详细介绍

标签项	说　　明
①	信息提示计数器：提示每种信息类型各有多少条等待处理；触摸信息提示计数器可放大显示
②	状态栏
③	信息窗口：根据默认设置将只显示最后一个信息提示；触摸信息窗口可显示信息列表，列表中会显示所有待处理的信息；信息确认键确认所有除错误信息以外的信息；报警确认键确认所有错误信息
④	坐标系状态：触摸该图标就可以显示所有坐标系，可进行选择
⑤	点动运行指示：如果选择了与轴相关的运行，这里将显示轴号(A1、A2 等)；如果选择了笛卡尔式运行，这里将显示坐标系的方向(X、Y、Z、A、B、C)
⑥	自动倍率修调图标
⑦	手动倍率修调图标
⑧	操作菜单栏：用于程序文件相关操作
⑨	网络状态：红色为网络连接错误；黄色为网络连接成功，但初始化控制器未完成，无法控制机器人运动；绿色为网络初始化成功，HSpad 正常连接控制器，可控制机器人运动
⑩	时钟：可显示系统时间，单击时钟图标，会出现以数码形式显示的系统时间和当前系统的运行时间

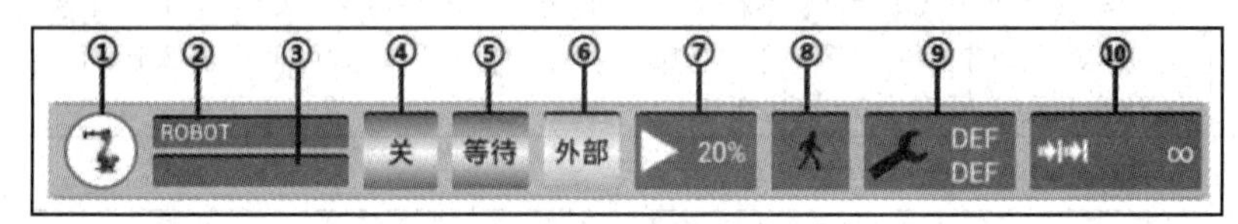

图 2-5　菜单

表 2-4　菜单详细介绍

标签项	说　　明
①	菜单键：功能同菜单按键
②	机器人名：显示当前机器人的名称
③	加载程序名称：在加载程序之后，会显示当前加载的程序名
④	使能状态：绿色并且显示“开”，表示当前使能打开。红色并且显示“关”，表示当前使能关闭。单击可打开使能设置窗口，在自动模式下单击开/关，可设置使能开关状态。窗口中可显示安全开关的按下状态
⑤	程序运行状态：自动运行时，显示当前程序的运行状态
⑥	模式状态显示：可以通过钥匙开关设置，可设置为手动模式、自动模式、外部模式
⑦	倍率修调显示：切换模式时会显示当前模式的倍率修调值。触摸会打开设置窗口，可通过加/减键以 1%的单位进行加减设置，也可通过滑块左右拖动设置
⑧	程序运行方式状态：在自动运行模式下只能是连续运行，手动 T1 和手动 T2 模式下可设置为单步或连续运行。触摸则打开设置窗口，在手动 T1 和手动 T2 模式下可单击连续/单步按钮进行运行方式切换
⑨	激活基坐标/工具显示：触摸则打开窗口，单击工具和基坐标选择相应的工具和基坐标进行设置
⑩	增量模式显示：在手动 T1 或者手动 T2 模式下触摸可打开窗口，单击相应的选项可设置增量模式

三、坐标系

工业机器人各坐标系位置如图 2-6 所示。

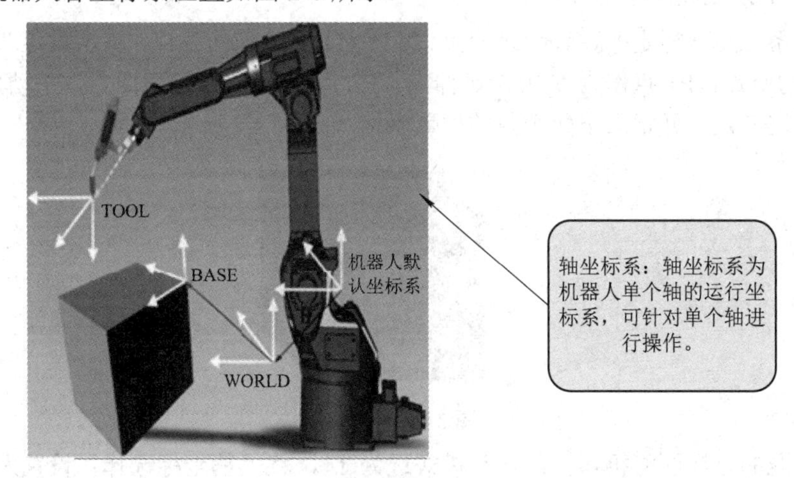

图 2-6　坐标系

工具坐标系(TOOL)：用于描述安装在机器人末端的工具位姿等参数数据。它固连于机器人末端连杆坐标系，以工具中心作为坐标原点。

基坐标系(BASE)：用来说明工件的位置，是由用户在工件空间定义的笛卡儿坐标系。基坐标(X，Y，Z)用来表示距离基坐标系原点的位置，(A，B，C)用来表示绕 X 轴、Y 轴、Z 轴旋转的角度。

世界坐标系(WORLD)：机器人默认坐标系和基坐标系的原点坐标系。

技能训练　**坐标系设定**

一、实训目的

各坐标系的设定。

二、实训器材

工业机器人。

三、实训注意事项

(1) 现场操作安全保护符合安全操作规程，正确佩戴安全防护用具，符合安全操作工业机器人要求。

(2) 工具摆放整齐、示教器放置在正确位置。

(3) 台面无残留线头、螺丝、接线端子等物品，爱惜设备和器材，保持工位的整洁。

(4) 工业机器人停止位置为零点位置，不超出台面。

四、实训操作

1. 基坐标系三点法标定

基坐标系三点法标定即通过记录原点、X 方向、Y 方向的三点，重新设定新的坐标系。将 P0 点作为原点，P1 点作为 Y 方向延伸点，P2 点作为 X 方向延伸点，手动控制机器人分别运动到这三点，并记录下每个点的位置坐标，如图 2-7 所示。

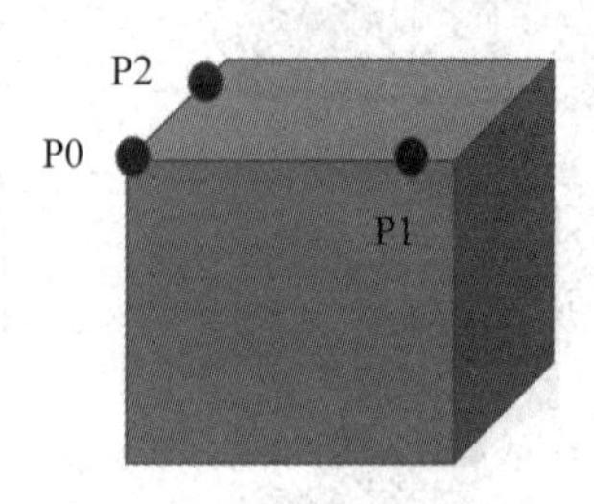

图 2-7　参考点

在示教器的首界面将机器人的运动模式选为 T1，将“基坐标选择”设置为“默认”。详细步骤如图 2-8 所示。

注意：基坐标标定必须选择在默认基坐标下进行。

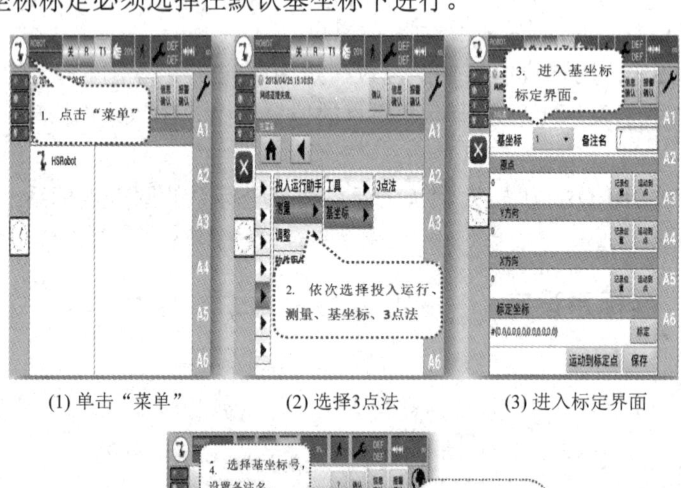

(1) 单击“菜单”　　(2) 选择3点法　　(3) 进入标定界面

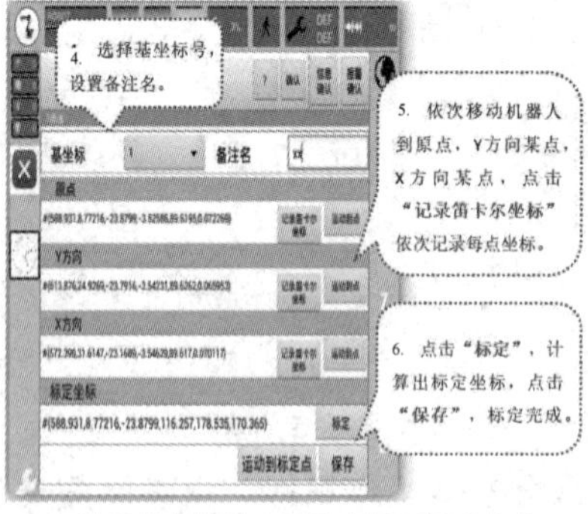

(4) 选择基坐标号，记录坐标，标定完成

图 2-8　基坐标系三点法标定

2. 工具坐标系四点法标定

工具坐标系四点法标定即将待测量工具的 TCP(Tool Center Position，工具中心位置)(如

图 2-9 所示)从四个不同的方向移向一个参照点，参照点可以任意选择；机器人控制系统从不同的法兰盘位置值中计算出 TCP，运动到参照点所用的四个法兰盘位置必须分散开足够的距离。

注意：工具坐标系标定必须选择在默认工具坐标系下进行。

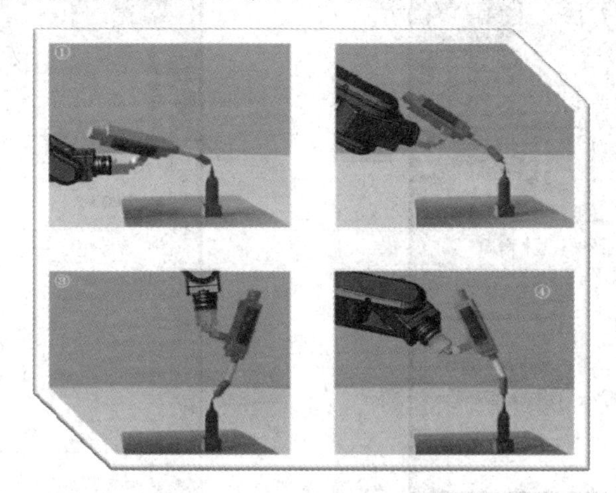

图 2-9　工具坐标系四点法标定

3. 工具坐标系六点法标定

工具坐标系六点法标定即将待测量工具的 TCP(如图 2-10 所示)从六个不同方向移向一个参照点，参照点可以任意选择。六点法可以将工具的姿态标定出来。

图 2-10　六个不同点参考位置

在示教器的首界面将机器人的运动模式选为 T1，将“工具坐标选择”设置为“默认”。取点详细步骤如图 2-11 所示。

注意：工具坐标标定必须选择在默认工具坐标系下进行。

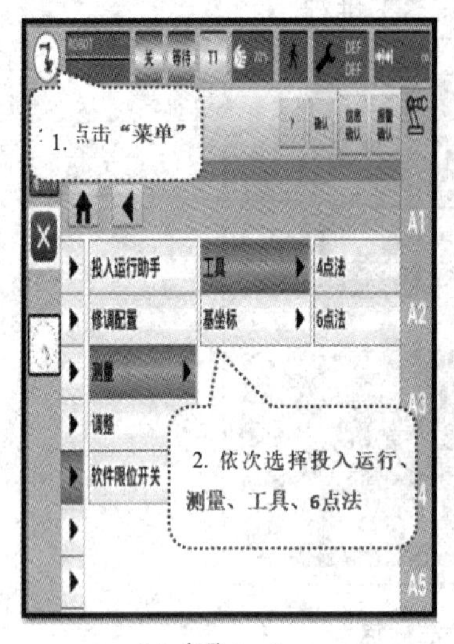

(a) 步骤 1～2

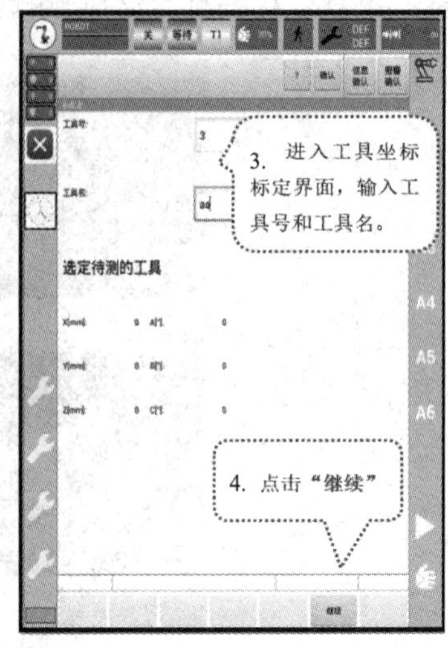

(b) 步骤 3～4

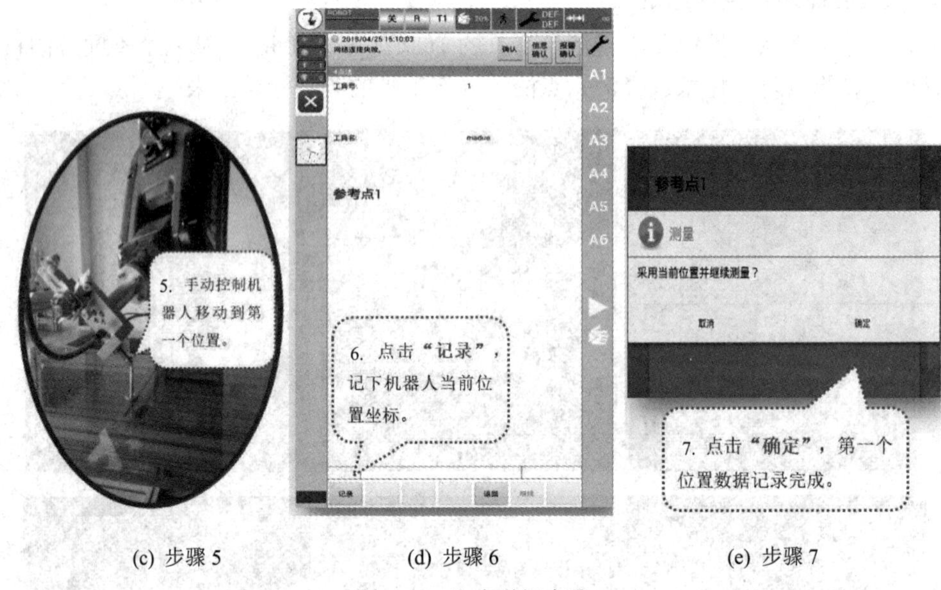

(c) 步骤 5　　(d) 步骤 6　　(e) 步骤 7

图 2-11　取点详细步骤

后面五个点的位置数据记录操作步骤与第一个相同，依次操作记录即可。

将所有位置点都记录完成后，会出现如图 2-11 所示界面，单击“保存”按钮，则工具坐标系标定完成。

五、实训考核

根据完成实训的综合情况给予考核，考核细则及评分如表 2-5 所示。

表 2-5　实训考核表

基 本 素 养(30 分)					
序号	考核内容	分值	自评	互评	师评
1	纪律(无迟到、早退、旷课)	10			
2	安全操作规范	10			
3	参与度、团队协作能力、沟通交流能力	10			
理 论 知 识(30 分)					
序号	考核内容	分值	自评	互评	师评
1	坐标模式的选择	10			
2	坐标系的选择	10			
3	运行模式的选择	10			
技 能 操 作(40 分)					
序号	考核内容	分值	自评	互评	师评
1	基坐标系设定	10			
2	工具坐标系四点法设定	10			
3	工具坐标系六点法设定	20			
总分		100			

任务二　示教搬运程序

任务目标

本任务通过搬运程序的示教编程，实现工件的搬运过程。要求学生理解机器人运动指令等，并在这些指令使用过程中，熟悉位置数据、进给速度等的设置过程；同时要求学生掌握任务分析、运动规划、路径规划的方法。

知识链接　编程指令

一、常见编程指令

1. MOVE 指令

MOVE 指令用于选择一个点位之后，当前机器人位置点与选择点之间的任意运动，运动过程中不进行轨迹控制和姿态控制。MOVE 指令运动参数如表 2-6 所示，指令运动轨迹如图 2-12 所示。

表 2-6　MOVE 指令运动参数

名　称	说　明	备　注
VCRUISE	速度(大于 0)	用于 MOVE
ACC	加速比(大于 0)	用于 MOVE
DEC	减速比(大于 0)	用于 MOVE

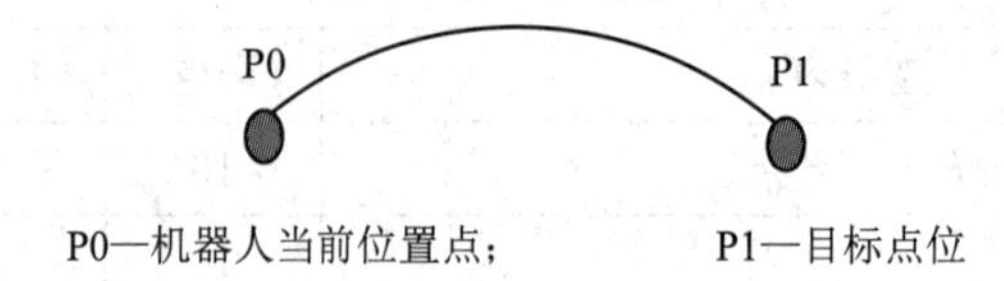

图 2-12　MOVE 指令运动轨迹

MOVE 指令的语法结构为

```
MOVE　ROBOT　P1　VCRUISE=100
```

其中，(1) MOVE：(非直线)运动指令。

(2) ROBOT：选择组，可选择机器人组或者附加轴组。

(3) P1：目标点位，一般将点位的坐标数据存放在寄存器内。

(4) VCRUISE=100：机器人运行速度。

2. MOVES 指令

MOVES 指令用于选择一个点位之后，当前机器人位置点与记录点之间的直线运动。MOVES 指令运动参数如表 2-7 所示，指令运动轨迹如图 2-13 所示。

表 2-7　MOVES 指令运动参数

名　称	说　明	备　注
VTRAN	速度(大于 0)	用于 MOVES
ATRAN	加速比(大于 0)	用于 MOVES
DTRAN	减速比(大于 0)	用于 MOVES

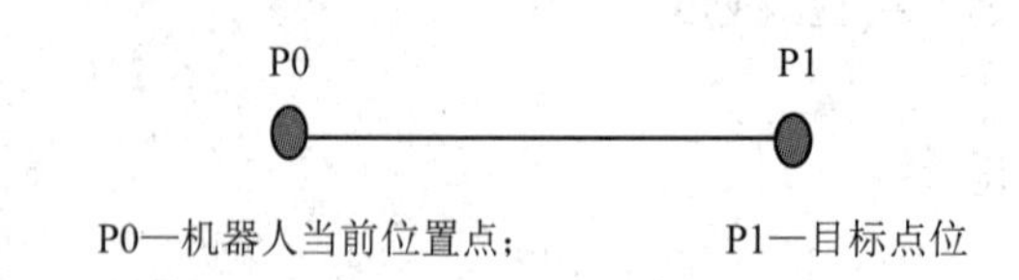

图 2-13　MOVES 指令运动轨迹(P0—P1 路径为直线)

MOVES 指令的语法结构为

```
MOVES　ROBOT　P1　VTRAN=100
```

其中，(1) MOVES：直线运动指令。

(2) ROBOT：选择组，可选择机器人组或者附加轴组。

(3) P1：目标点位，一般将点位的坐标数据存放在寄存器内。

(4) VTRAN=100：机器人运行速度。

MOVES 指令编辑框如图 2-14 所示，指令编辑框详细说明如表 2-8 所示。

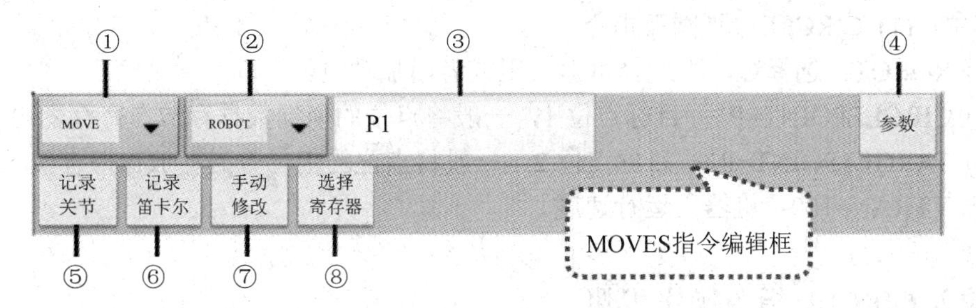

图 2-14　MOVES 指令编辑框

表 2-8　MOVES 指令编辑框详细说明

编号	说　明
①	选择指令，可选 MOVE、MOVES、CIRCLE 三种指令。当选择 CIRCLE 指令时，对话框会弹出两个点用于记录位置
②	选择组，可选择机器人组或者附加轴组
③	新记录点的名称，光标位于此时可单击记录关节或记录笛卡尔赋值
④	参数设置，可在参数设置对话框中添加删除点对应的属性，在编辑参数后，单击确认，将该参数对应到该点
⑤	为新记录的点赋值为关节坐标值
⑥	为新记录的点赋值为笛卡尔坐标值
⑦	单击后可打开一个修改各个轴点位值的对话框，打开可进行单个轴的坐标值修改
⑧	可通过新建一个 JR(关节坐标寄存器)或者 LR(笛卡尔坐标寄存器)保存该新增加点的值，可在变量列表中查找到相关值，便于以后通过寄存器使用该点位值

3. CIRCLE 指令

CIRCLE 指令为画圆弧指令，机器人示教圆弧的当前位置与选择的两个点形成一个圆弧，即三点画圆，其运动轨迹如图 2-15 所示。

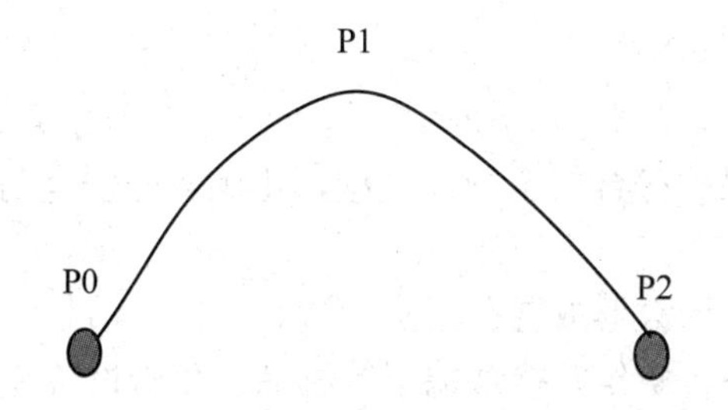

图 2-15　CIRCLE 指令运动轨迹

CIRCLE 指令的语法结构为

CIRCLE　ROBOT　CIRCLEPOINT=P1　TARGETPOINT=P2　VTRAN=100

其中，(1) CIRCLE：画圆弧指令。

(2) ROBOT：选择组，可选择机器人组或者附加轴组。

(3) CIRCLEPOINT=P1：目标点位 1，一般将点位的坐标数据存放在寄存器内。

(4) TARGETPOINT=P2：目标点位 2，一般将点位的坐标数据存放在寄存器内。

(5) VTRAN=100：机器人运行速度。

二、输入 CIRCLE 指令操作步骤

(1) 在编程界面选中需要输入指令行的上一行。

(2) 在待插入位置选择指令→运动指令→CIRCLE。

(3) 在 CIRCLE 指令选项中选择机器人轴或者附加轴。

(4) 单击 CIRCLEPOINT 输入框，移动机器人到需要的姿态点或轴位置，单击记录关节或者记录笛卡尔坐标，记录 CIRCLEPOINT 点完成。

(5) 单击 TARGETPOINT 输入框，手动移动机器人到需要的目标姿态或位置。单击记录关节或者记录笛卡尔坐标值，记录 TARGETPOINT 点完成。

(6) 配置指令的参数。

(7) 单击操作栏中的“确定”按钮，添加 CIRCLE 指令完成。

技能训练　示教搬运

一、实训目的

A 位置有八块一字排开的工件，需要将其依次搬运到 B 位置，码放方式为 2 行 4 列。

二、实训器材

工业机器人本体、示教器、控制柜等。

三、注意事项

(1) 现场操作安全保护符合安全操作规程，正确佩戴安全防护用具，符合安全操作工业机器人要求。

(2) 工具摆放整齐、示教器放置在正确位置。

(3) 台面无残留线头、螺丝、接线端子等物品，爱惜设备和器材，保持工位的整洁。

(4) 工业机器人停止位置为零点位置，不超出台面。

四、实训操作

1. 机器人上电

将机器人电气控制柜面板的电源开关旋转至“ON”即可使机器人上电。上电后机器人示教器进入初始化，当示教器状态显示“等待”、网络连接状态为绿色后即可对机器人进行操作。

2. 机器人手动操作

根据程序需要选择合适的坐标模式和其他参数。

3. 机器人回零操作

确保机器人在回零之前不会与其他物体发生碰撞干涉，通过变量列表选择“IR[1]”，通过修改界面、单击“move 到点”即可将机器人回零。

4. 程序示教

使用机器人示教器，在示教编程界面新建程序，打开新建程序完成相应操作。

5. 参考程序

说明：使用此程序只需示教三个点，分别为取料点 LR[10]、放料点 LR[20]、过渡点 JR[2]。LR[1]不需要示教，直接填写坐标值#{0,0,50,0,0,0}即可。

```
'(添加全局变量 )
PROGRAM
' (添加局部变量)
WITH ROBOT
ATTACH ROBOT
ATTACH EXT_AXES
D_OUT[2]=OFF                      '初始化夹爪松开
WHILE TRUE
'(写代码)
'-----取料点偏移计算-----
LR[11]=LR[10]
LR[11]{2}=LR[11]{2}+50
LR[12]=LR[10]
LR[12]{2}=LR[12]{2}+100
LR[13]=LR[10]
LR[13]{2}=LR[13]{2}+150
LR[14]=LR[10]
LR[14]{2}=LR[14]{2}+200
LR[15]=LR[10]
LR[15]{2}=LR[15]{2}+250
```

```
LR[16]=LR[10]
LR[16]{2}=LR[16]{2}+300
LR[17]=LR[10]
LR[17]{2}=LR[17]{2}+350
'-----放料点偏移计算-----
LR[21]=LR[20]
LR[21]{2}=LR[21]{2}+50
LR[22]=LR[20]
LR[22]{2}=LR[22]{2}+100
LR[23]=LR[20]
LR[23]{2}=LR[23]{2}+150
LR[24]=LR[20]
LR[24]{3}=LR[24]{3}+10
LR[25]=LR[20]
LR[25]{2}=LR[25]{2}+50
LR[25]{3}=LR[25]{3}+10
LR[26]=LR[20]
LR[26]{2}=LR[26]{2}+100
LR[26]{3}=LR[26]{3}+10
LR[27]=LR[20]
LR[27]{2}=LR[27]{2}+150
LR[27]{3}=LR[27]{3}+10
'-----取放第一个工件-----
MOVE ROBOT    JR[2]                          '过渡点
MOVE ROBOT    LR[10]+LR[1]                   '到达取料点上方
MOVES ROBOT    LR[10]                        '到达取料点
DELAY ROBOT 1000
D_OUT[2]=ON    '夹紧
DELAY ROBOT 1000
MOVES ROBOT    LR[10]+LR[1]                  '到达取料点上方
MOVE ROBOT    JR[2]
MOVE ROBOT    LR[20]+LR[1]                   '到达放料点上方
MOVES ROBOT    LR[20]                        '到达放料点
DELAY ROBOT 1000
D_OUT[2]=OFF   '松开
DELAY ROBOT 1000
MOVES ROBOT    LR[20]+LR[1]
'-----取放第二个工件-----
```

```
MOVE ROBOT    JR[2]
MOVE ROBOT    LR[11]+LR[1]
MOVES ROBOT    LR[11]
DELAY ROBOT 1000
D_OUT[2]=ON
DELAY ROBOT 1000
MOVES ROBOT    LR[11]+LR[1]
MOVE ROBOT    JR[2]
MOVE ROBOT    LR[21]+LR[1]
MOVES ROBOT    LR[21]
DELAY ROBOT 1000
D_OUT[2]=OFF
DELAY ROBOT 1000
MOVES ROBOT    LR[21]+LR[1]
'-----取放第三个工件-----
MOVE ROBOT    JR[2]
MOVE ROBOT    LR[12]+LR[1]
MOVES ROBOT    LR[12]
DELAY ROBOT 1000
D_OUT[2]=ON
DELAY ROBOT 1000
MOVES ROBOT    LR[12]+LR[1]
MOVE ROBOT    JR[2]
MOVE ROBOT    LR[22]+LR[1]
MOVES ROBOT    LR[22]
DELAY ROBOT 1000
D_OUT[2]=OFF
DELAY ROBOT 1000
MOVES ROBOT    LR[22]+LR[1]
'-----取放第四个工件-----
MOVE ROBOT    JR[2]
MOVE ROBOT    LR[13]+LR[1]
MOVES ROBOT    LR[13]
DELAY ROBOT 1000
D_OUT[2]=ON
DELAY ROBOT 1000
MOVES ROBOT    LR[13]+LR[1]
MOVE ROBOT    JR[2]
```

```
MOVE ROBOT    LR[23]+LR[1]
MOVES ROBOT    LR[23]
DELAY ROBOT 1000
D_OUT[2]=OFF
DELAY ROBOT 1000
MOVES ROBOT    LR[23]+LR[1]
'-----取放第五个工件-----
MOVE ROBOT    JR[2]
MOVE ROBOT    LR[14]+LR[1]
MOVES ROBOT    LR[14]
DELAY ROBOT 1000
D_OUT[2]=ON
DELAY ROBOT 1000
MOVES ROBOT    LR[14]+LR[1]
MOVE ROBOT    JR[2]
MOVE ROBOT    LR[24]+LR[1]
MOVES ROBOT    LR[24]
DELAY ROBOT 1000
D_OUT[2]=OFF
DELAY ROBOT 1000
MOVES ROBOT    LR[24]+LR[1]
'-----取放第六个工件-----
MOVE ROBOT    JR[2]
MOVE ROBOT    LR[15]+LR[1]
MOVES ROBOT    LR[15]
DELAY ROBOT 1000
D_OUT[2]=ON
DELAY ROBOT 1000
MOVES ROBOT    LR[15]+LR[1]
MOVE ROBOT    JR[2]
MOVE ROBOT    LR[25]+LR[1]
MOVES ROBOT    LR[25]
DELAY ROBOT 1000
D_OUT[2]=OFF
DELAY ROBOT 1000
MOVES ROBOT    LR[25]+LR[1]
'-----取放第七个工件-----
MOVE ROBOT    JR[2]
```

```
MOVE ROBOT    LR[16]+LR[1]
MOVES ROBOT    LR[16]
DELAY ROBOT 1000
D_OUT[2]=ON
DELAY ROBOT 1000
MOVES ROBOT    LR[16]+LR[1]
MOVE ROBOT    JR[2]
MOVE ROBOT    LR[26]+LR[1]
MOVES ROBOT    LR[26]
DELAY ROBOT 1000
D_OUT[2]=OFF
DELAY ROBOT 1000
MOVES ROBOT    LR[26]+LR[1]
'-----取放第八个工件-----
MOVE ROBOT    JR[2]
MOVE ROBOT    LR[17]+LR[1]
MOVES ROBOT    LR[17]
DELAY ROBOT 1000
D_OUT[2]=ON
DELAY ROBOT 1000
MOVES ROBOT    LR[17]+LR[1]
MOVE ROBOT    JR[2]
MOVE ROBOT    LR[27]+LR[1]
MOVES ROBOT    LR[27]
DELAY ROBOT 1000
D_OUT[2]=OFF
DELAY ROBOT 1000
MOVES ROBOT    LR[27]+LR[1]
SLEEP 100
END WHILE
DETACH ROBOT
DETACH EXT_AXES
END WITH
END PROGRAM
```

五、实训考核

根据完成实训的综合情况给予考核，考核细则及评分如表 2-9 所示。

表 2-9　实训考核表

基 本 素 养(30 分)					
序号	考核内容	分值	自评	互评	师评
1	纪律(无迟到、早退、旷课)	10			
2	安全操作规范	10			
3	参与度、团队协作能力、沟通交流能力	10			
理 论 知 识(30 分)					
序号	考核内容	分值	自评	互评	师评
1	坐标模式的选择	10			
2	延时指令的理解	10			
3	运动指令的掌握情况	10			
技 能 操 作(40 分)					
序号	考核内容	分值	自评	互评	师评
1	示教器的熟练操作	10			
2	延时指令的使用	10			
3	运动指令的使用	10			
4	搬运结果展示	10			
总分		100			

项 目 小 结

通过本实训项目，读者应重点理解和掌握工业机器人运动方式的设计、运动指令的使用和示教器编程的使用等理论和技能知识。

思 考 与 练 习

1. 简述机器人的运动类型和各参数的含义。
2. 如何标定工具坐标和基坐标？

实训项目三　工业机器人码垛及其操作应用

项目分析

码垛机器人是经历了人工码垛、码垛机码垛两个阶段后产生的能够执行自动化码垛作业的智能化设备。码垛机器人的出现，不仅改善了劳动环境，而且对减轻劳动强度、保证人身安全、降低能耗、减少辅助设备资源、提高劳动生产率等方面具有重要意义。码垛机器人可使运输工业提高码垛效率，提升物流速度，获得整齐统一的物垛，减少物料破损与浪费。因此，码垛机器人将逐步取代传统码垛机，实现生产制造“新自动化、新无人化”，码垛行业亦因码垛机器人的出现而踏上“新起点”。

本章着重介绍码垛机器人的特点、基本系统组成、周边设备和作业程序，并结合实例说明码垛作业示教的基本要领和注意事项，旨在加深读者对码垛机器人及其作业示教的认知。

知识目标

(1) 了解码垛机器人的分类及特点。

(2) 掌握码垛机器人的系统组成及功能。

(3) 熟悉码垛机器人作业示教的基本流程。

(4) 熟悉码垛机器人的周边设备与布局。

能力目标

(1) 能够识别码垛机器人工作站的基本构成。

(2) 能够进行码垛机器人的简单作业示教。

任务　工业机器人码垛应用

任务目标

(1) 了解码垛机器人的分类及特点。

(2) 掌握码垛机器人的系统组成及其功能。

(3) 通过机器人编程完成圆形、方形、矩形工作的码垛。

知识链接　码垛机器人特点

一、码垛机器人的分类及特点

码垛机器人作为新的智能化码垛装备，具有作业高效、码垛稳定等优点，可代替工人从事繁重体力劳动，已在各个行业的包装物流线中发挥着重大作用。归纳起来，码垛机器人的主要优点有：

(1) 占地面积小，动作范围大，可减少厂源浪费。

(2) 能耗低，可降低运行成本。

(3) 可提高生产效率、解放繁重体力劳动，实现“无人”或“少人”码垛。

(4) 可改善工人劳作条件，摆脱有毒、有害环境。

(5) 柔性高，适应性强，可实现不同物料码垛。

(6) 定位准确，稳定性高。

码垛机器人作为工业机器人中的一员，其结构形式和其他类型机器人相似(尤其是搬运机器人)。码垛机器人与搬运机器人在本体结构上没有过多区别，通常可认为码垛机器人本体比搬运机器人大。在实际生产中，码垛机器人多为四轴且多数带有辅助连杆，连杆主要起增加力矩和辅助平衡的作用。码垛机器人多不能进行横向或纵向移动，它们被安装在物流线末端，故常见的码垛机器人结构多为关节式码垛机器人、摆臂式码垛机器人和龙门式码垛机器人，如图 3-1 所示。

(a) 关节式码垛机器人

(b) 摆臂式码垛机器人

(c) 龙门式码垛机器人

图 3-1　常见的码垛机器人

二、码垛机器人的系统组成

码垛机器人同搬运机器人一样需要相应的辅助设备组成一个柔性化系统，才能进行码垛作业。以关节式码垛机器人为例，常见的码垛机器人主要由机器人控制系统(机器人控制柜、示教器)、码垛系统(气体发生装置、真空发生装置)和机器人机械系统(操作机、夹板式手爪、底座)组成，如图 3-2 所示。操作者可通过示教器和操作面板进行码垛机器人运动位置和动作程序的示教，设定运动速度、码垛参数等。

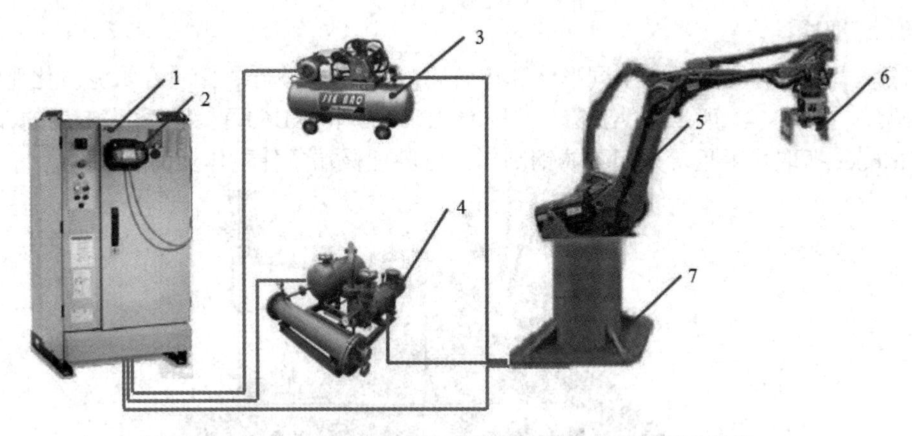

1—机器人控制系统；2—示教器；3—气体发生装置；4—液压发生装置；
5—操作机；6—夹板式手爪；7—底座

图 3-2　码垛机器人系统组成

关节式码垛机器人常见本体多为四轴，亦有五、六轴码垛机器人，但在实际包装码垛物流线中五、六轴码垛机器人相对较少。码垛工作主要在物流线末端进行，码垛机器人被安装在底座(或固定座)上，其位置的高低由生产线高度、托盘高度及码垛层数共同决定。在多数情况下，码垛精度的要求没有机床上下料搬运精度的要求高，为节约成本、降低投入资金和提高效益，四轴码垛机器人足以满足日常码垛需求。如图 3-3 所示为 KUKA、FANUC、ABB、YASKAWA 四大公司相应的码垛机器人本体结构。

(a) KUKA KR 700PA　(b) FANUC M-410iB　(c) ABB IRB 660　(d) YASKAWA MPL80

图 3-3　四大公司码垛机器人本体

码垛机器人的末端执行器是夹持物品移动的一种装置，其原理结构与搬运机器人类似，常见形式有吸附式、夹板式、抓取式和组合式。

1. 吸附式

在码垛中，吸附式末端执行器主要为气吸附，广泛应用于医药、食品、烟酒等行业。

2. 夹板式

夹板式手爪是码垛过程中最常用的一类末端执行器，常见的夹板式手爪有单板式和双板式。手爪主要用于整箱或规则盒码垛工作，可用于各行各业。夹板式手爪夹持力度比吸附式手爪大，可一次码一箱(盒)或多箱(盒)，并且两侧板光滑，不会损伤码垛产品外观质量。单板式与双板式的侧板一般都会有可旋转爪钩，需由单独机构控制，工作状态下爪钩与侧板成 90°，起撑托物件和防止物料在高速运动中脱落的作用。

3. 抓取式

抓取式手爪可灵活适应不同形状和内含物(如大米、砂砾、塑料、水泥、化肥等)物料袋的码垛。如图 3-4 所示为 ABB 公司配套 IRB460 和 RB60 码垛机器人专用的即插即用 FlexGripper 抓取式手爪，采用不锈钢制作，可胜任极端条件下作业的要求。

图 3-4　抓取式手爪

4. 组合式

组合式手爪是通过组合以获得各单组手爪优势的一种手爪，灵活性较大，各单组手爪之间既可单独使用又可配合使用，可同时满足多个工位的码垛，如图 3-5 所示为 ABB 公司配套 IRB460 和 RB660 码垛机器人专用的即插即用 FlexGripper 组合式手爪。

图 3-5　组合式手爪

码垛机器人手爪的动作需单独外力进行驱动，同搬运机器人一样，需要连接相应外部信号控制装置及传感系统，以控制码垛机器人手爪实时的动作状态及力的大小，其手爪驱动方式多为气动和液压驱动。通常在保证相同夹紧力的情况下，气动比液压负载轻、卫生、成本低、易获取，故实际码垛中以压缩空气为驱动力的居多。

综上所述，码垛机器人主要包括机器人和码垛系统。机器人由机器人本体及完成码垛排列控制的控制柜组成。

三、工业机器人常见的编程指令

1. 条件指令

条件指令用于程序中的运动逻辑控制，包括了 IF、ELSE、END IF 三个指令。IF 和 END IF 必须联合使用，将条件运行程序块置于两条指令之间，如图 3-6 所示。

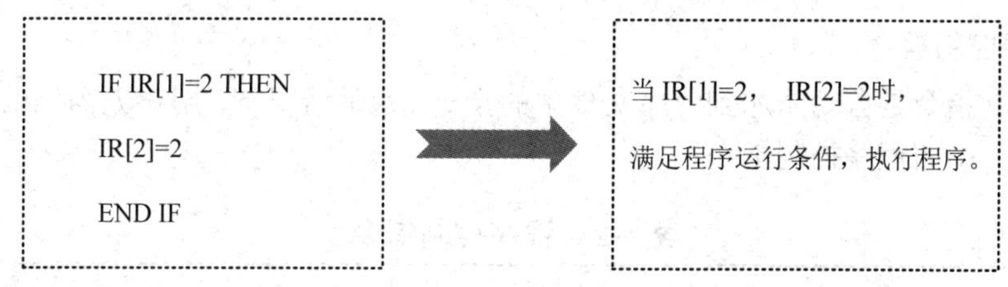

图 3-6　条件指令

2. 流程指令

流程指令有 SUB、PUBLIC SUB、END SUB、FUNCTION、PUBLIC FUNCTION、END FUCTION，指令详解如表 3-1 所示。

表 3-1　流程指令详解

指　令	说　明
SUB	写子程序，该子程序没有返回值，只能在本程序中调用
PUBLIC SUB	写子程序，该子程序没有返回值，能在程序以外的其他地方被调用
END SUB	写子程序结束
FUNCTION	写子程序，该子程序有返回值，只能在本程序中调用
PUBLIC　FUNCTION	写子程序，该子程序有返回值，能在程序以外的其他地方被调用
END FUCTION	写子程序结束
CALL	调用子程序

SUB、PUBLIC SUB 和 END SUB 必须联合使用，子程序位于两条指令之间。

FUNCTION、PUBLIC FUNCTION 和 END FUNCTION 必须联合使用，子程序位于两条指令之间，如图 3-7 所示。

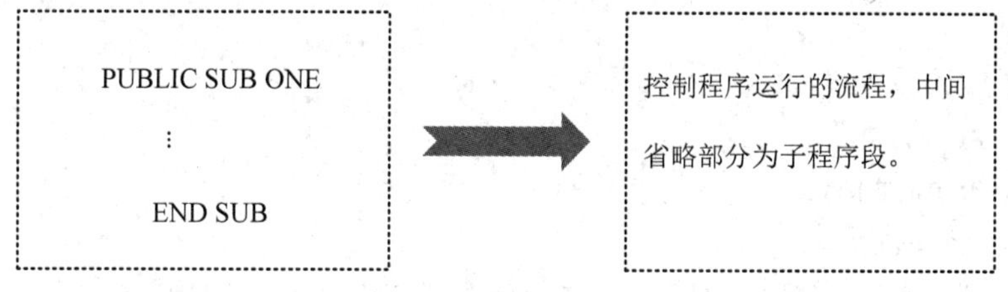

图 3-7　流程控制指令

子程序跳转调用相关指令有 CALL、GOTO、LABEL。使用 GOTO 将会跳转到 LABEL 标定的行，如图 3-8 所示。

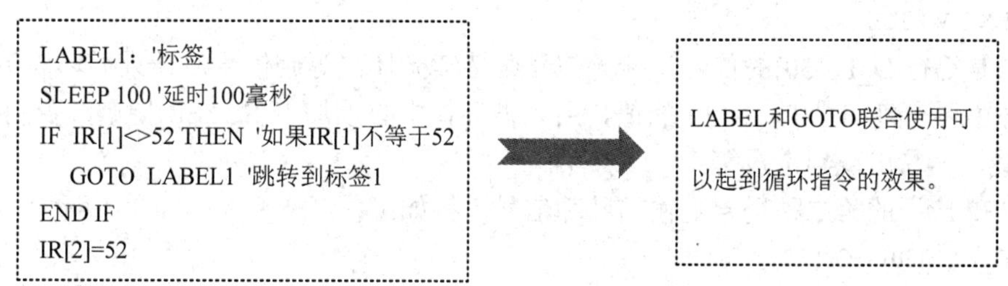

图 3-8　子程序跳转相关指令

3. 程序控制指令

程序控制指令是自动添加到程序文件中的指令，通常情况下，用户无需修改。如表 3-2 所示为机器人中的程序控制指令。

表 3-2　程序控制指令

指　令	说　明
PROGRAM	程序开始
END PROGRAM	程序结束
WITH	引用机器人名称
END WITH	结束引用机器人名称
ATTACH	绑定机器人
DETACH	结束绑定

4. 延时指令

延时指令包括针对运动指令的 DELAY 指令和针对非运动指令的 SLEEP 指令两种。在华数 II 型控制系统中，存在运动指令和非运动指令，这两种指令是并行执行的。

例子：

```
MOVE ROBOT P1
D_OUT[30] = ON
```

在这个例子中，第一条指令为运动指令，第二条指令为非运动指令，这两条指令是并行执行的，也就是说，当机器人还未运动到 P1 点时，D_OUT[30]就有信号输出了。为了解决该问题，需要控制系统执行完第一条指令后再执行下一条指令，此时就需使用 DELAY 指令。

上述例子应该改为

```
MOVE ROBOT P1
DELAY ROBOT 100
D_OUT[30] = ON
```

SLEEP 指令通常有两种应用场合，第一种在循环中使用，例如：

```
WHILE D_IN[30] <> ON
SLEEP 10
END WHILE
```

这个例子是等待 D_IN[30]的信号，若无信号则持续循环，等到信号后结束循环向下执行。由于循环中要一直扫描 D_IN[30]的值，所以循环体中必须加入 SLEEP 指令，否则控制器 CPU 过载，容易出现异常报警。

SLEEP 应用的第二种场合是输出脉冲信号，例如：

```
D_OUT[30] = ON
SLEEP 100
```

D_OUT[30] = OFF

在上述例子中，D_OUT[30]输出了一个宽度为100毫秒的脉冲信号。其中必须加SLEEP指令，否则脉冲宽度太窄导致实际上没有任何脉冲信号输出。

5. 循环指令

循环指令用于多次执行 WHILE 指令与 END WHILE 之间的程序行，WHILE(TRUE)表示程序循环执行。WHILE 指令和 END WHILE 指令必须联合使用才能完成一个循环体。

```
WHILE IR[2]<>52
IF IR[1]=52 THEN
IR[2]=52
END IF
SLEEP 100
END WHILE
```

该循环程序段用于等待 IR[2]=52 这一信号的到来。

6. IO 指令

如表 3-3 所示为机器人系统中的 IO 指令。D_IN、D_OUT 指令可用于给当前 IO 赋值为 ON 或者 OFF，也可用于在 D_IN 和 D_OUT 之间传值；WAIT 指令用于阻塞等待一个指定 IO 信号，可选 D_IN 和 D_OUT；WAITUNTIL 指令用等待 IO 信号，超过设定时限后退出等待；PULSE 指令用于产生脉冲。

表 3-3　IO 指令表

IO 指令	D_IN
	D_OUT
	WAIT
	WAITUNTIL
	PULSE
	AO
	AI

例子：

```
D_OUT[19] = ON                '真空发生
D_OUT[20] = OFF
DELAY ROBOT 200
CALL WAIT(D_IN[17],ON)        '真空反馈
```

分析：D_OUT 指令给当前 IO 赋值为 ON，使真空吸盘打开。

WAIT 指令用于等待真空反馈信号。

WAIT 指令说明：

该指令用于等待某一指定的输入或输出的状态等于设定值。若指定的输入或输出的状态不满足，程序会一直阻塞在该指令行，直到满足条件。

7. 变量指令

(1) 变量可分为全局变量 COMMON 指令和局部变量 DIM 指令。变量可用于程序中，作为程序中的数据进行运算。

(2) 变量可分为 SHARED 和不添加 SHARED 的变量，添加之后的变量表示的是共享变量。

(3) 变量类型包括 LONG、DOUBLE、STRING、JOINT、LOCATION 和 ERROR 等类型。

(4) 输入变量指令的操作步骤如下：

① 选定需要添加变量的上一行；

② 选择指令→变量→全局变量或者局部变量；

③ 在对话框中选择 COMMON 或者 DIM 设置全局变量或者局部变量；

④ 选择设置该变量是否为 SHARED 属性，然后选择变量类型；

⑤ 在名字输入框中输入变量名字，在第二个输入框中输入变量的值；

⑥ 单击操作栏的“确定”按钮完成变量的添加。

技能训练　工业机器人码垛程序编写

一、实训目的

(1) 了解工业机器人编程指令的语法格式及编写方法。

(2) 能使用工业机器人基本指令正确编写程序。

(3) 掌握程序的新建、编辑、加载方法。

(4) 掌握工业机器人指令的语法格式、编写方法，能够完成码垛程序的编写。

二、实训器材

(1) HSR-JR605 工业机器人。

(2) 立体仓储模块。

(3) 码垛工作模块。

(4) 总控上位机。

三、实训注意事项

(1) 现场操作安全保护符合安全操作规程，正确佩戴安全防护用具，符合安全操作工业机器人要求。

(2) 工具摆放整齐，示教器放置在正确位置。

(3) 台面无残留线头、螺丝、接线端子等物品，爱惜设备和器材，保持工位整洁。

(4) 工业机器人停止位置为零点位置，不得超出台面。

四、实训操作

在总控任务模式下，通过派单完成圆形、矩形、方形工件码垛自动化运行任务，写出相应的程序并在操作平台上运行调试。

1. 实训要求

(1) 工单配置：圆形工件码垛数量为4(红色2个，蓝色2个)，方形工件码垛数量为4(红色2个，蓝色2个)，矩形工件码垛数量为8(红色4个，蓝色4个)。

(2) 工作流程的起始点为机器人的零点位置。

(3) 工业机器人利用夹具，从立体仓库中依次抓取工件摆放到码垛平台进行码垛，码垛样式要求如图3-9所示。

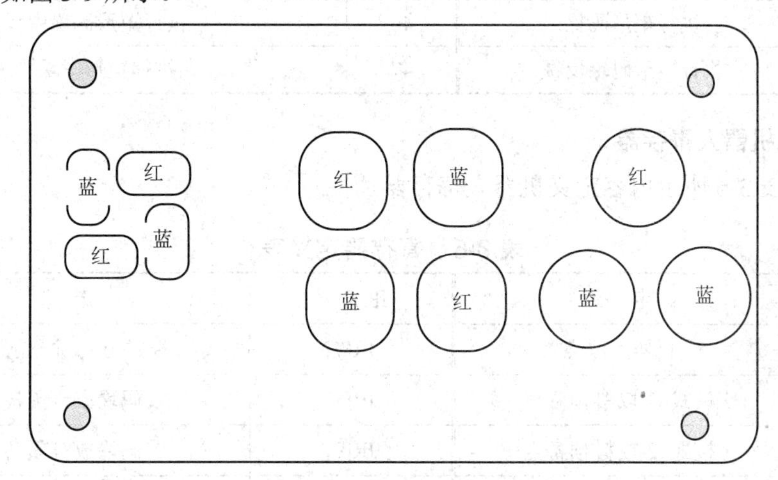

图3-9 码垛样式示意图

(4) 整个过程中不得发生碰撞干涉，工件不可掉落。

2. IP地址的配置

按照如表3-4所示内容进行IP地址的配置。

表3-4 IP地址分配表

序　号	名　称	IP 地址分配	备　注
1	工业机器人	90.0.0.1	
2	总控 PLC	192.168.0.1	
3	计算机	192.168.0.20	
		90.0.0.X	同机器人网段
4	CCD 视觉相机	自动获取	
5	上位机软件	192.168.0.20	

3. 定义机器人取放料编码

按照如表3-5所示内容定义机器人取放料编码。其中，IR[1]为编码接收寄存器 IR[2]为编码反馈寄存器。

表 3-5 取放料编码定义表

IR[1]	编码定义	IR[2]	编码定义
39	呼叫执行圆形码垛	39	呼叫执行圆形码垛反馈
40	执行圆形码垛	40	执行圆形码垛中
41	圆形码垛完成反馈	41	圆形码垛完成
42	呼叫执行方形码垛	42	呼叫执行方形码垛反馈
43	执行方形码垛	43	执行方形码垛中
44	执行方形码垛完成反馈	44	执行方形码垛完成
45	呼叫执行矩形码垛	45	呼叫执行矩形码垛反馈
46	执行矩形码垛	46	执行矩形码垛中
47	执行矩形码垛反馈	47	执行矩形码垛

4. 定义机器人寄存器

按照如表 3-6 所示内容定义机器人寄存器。

表 3-6 寄存器定义表

JR 序号	定　义	JR 序号	定　义
JR[1]	机器人原点	JR[7]	模式 1-放余料预备点
JR[2]	模式 2-取料预备点	JR[8]	码垛取料预备点
JR[3]	模式 2-放料预备点	JR[9]	码垛放料预备点
JR[4]	模式 2-放余料预备点	JR[10]	
JR[5]	模式 1-取料预备点	JR[11]	
JR[6]	模式 1-放料预备点	JR[12]	
LR 序号	定　义	LR 序号	定　义
LR[1]	模式 2-取料点	LR[40]	圆蓝 1 仓储取料位
LR[2]	模式 2-取料上方	LR[41]	圆蓝 2 仓储取料位
LR[3]	模式 1-取料点	LR[42]	圆红 1 仓储取料位
LR[4]	模式 1-取料上方	LR[43]	圆红 2 仓储取料位
LR[5]	模式 2-放余料位	LR[44]	方蓝 1 仓储取料位
LR[6]	模式 1-放余料位	LR[45]	方蓝 2 仓储取料位
LR[7]		LR[46]	方红 1 仓储取料位
LR[8]		LR[47]	方红 2 仓储取料位
LR[9]		LR[48]	矩蓝 1 仓储取料位
LR[10]	模式 2-圆蓝 1 放料点	LR[49]	矩蓝 2 仓储取料位

续表

LR 序号	定　义	LR 序号	定　义
LR[11]	模式 2-圆蓝 2 放料点	LR[50]	矩蓝 3 仓储取料位
LR[12]	模式 2-圆红 1 放料点	LR[51]	矩蓝 4 仓储取料位
LR[13]	模式 2-圆红 2 放料点	LR[52]	矩红 1 仓储取料位
LR[14]	模式 2-方蓝 1 放料点	LR[53]	矩红 2 仓储取料位
LR[15]	模式 2-方蓝 2 放料点	LR[54]	矩红 3 仓储取料位
LR[16]	模式 2-方红 1 放料点	LR[55]	矩红 4 仓储取料位
LR[17]	模式 2-方红 2 放料点	LR[60]	圆蓝 1 码垛位
LR[18]	模式 2-矩蓝 1 放料点	LR[61]	圆蓝 2 码垛位
LR[19]	模式 2-矩蓝 2 放料点	LR[62]	圆红 1 码垛位
LR[20]	模式 2-矩蓝 3 放料点	LR[63]	圆红 2 码垛位
LR[21]	模式 2-矩蓝 4 放料点	LR[64]	方蓝 1 码垛位
LR[22]	模式 2-矩红 1 放料点	LR[65]	方蓝 2 码垛位
LR[23]	模式 2-矩红 2 放料点	LR[66]	方红 1 码垛位
LR[24]	模式 2-矩红 3 放料点	LR[67]	方红 2 码垛位
LR[25]	模式 2-矩红 4 放料点	LR[68]	矩蓝 1 码垛位
LR[26]		LR[69]	矩蓝 2 码垛位
LR[27]		LR[70]	矩蓝 3 码垛位
LR[28]		LR[71]	矩蓝 4 码垛位
LR[29]		LR[72]	矩红 1 码垛位
LR[30]	模式 1-圆蓝 1 放料点	LR[73]	矩红 2 码垛位
LR[31]	模式 1-圆蓝 2 放料点	LR[74]	矩红 3 码垛位
LR[32]	模式 1-圆红 1 放料点	LR[75]	矩红 4 码垛位
LR[33]	模式 1-圆红 2 放料点	LR[99]	增量 50 mm
序号	机器人 PLC 信号	定　义	D_IN[i]/D_OUT[i] 对应机器人
1	X2.0	真空反馈	D_IN[17]
2	Y2.0	激光笔开关	D_OUT[17]
3	Y2.1	喷涂开关	D_OUT[18]
4	Y2.2	真空发生	D_OUT[19]
5	Y2.3	真空破坏	D_OUT[20]

5. 定义外部模式时加载的主程序名和机器原点设置

按图 3-10 和图 3-11 所示定义外部模式时加载的主程序名和设置机器原点。

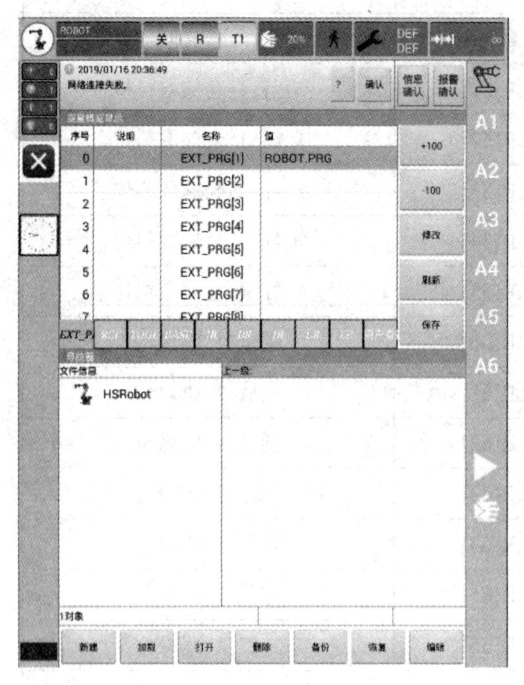

图 3-10　外部模式界面

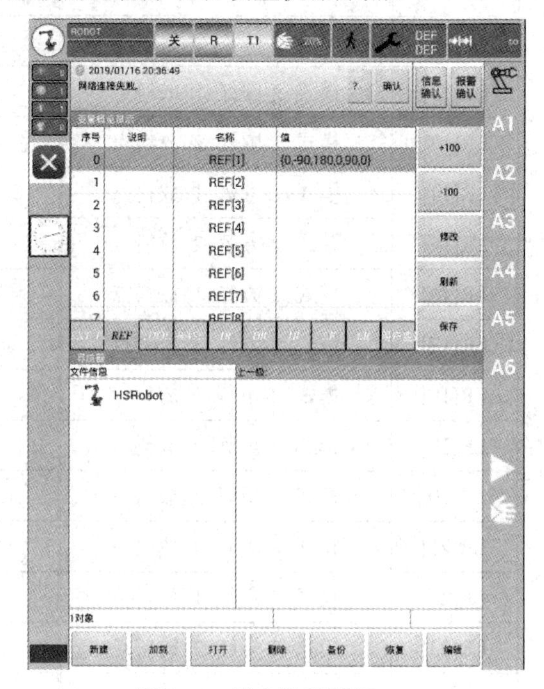

图 3-11　原点设置界面

6. 程序编写

(1) 主程序：

```
' (添加全局变量)
PROGRAM
' (添加局部变量)

WITH ROBOT
ATTACH ROBOT
ATTACH EXT_AXES
CALL SETTOOLNUM(10)
MOVE ROBOT    JR[1]                    '机器人原点
D_OUT[19] = OFF                        '真空复位
D_OUT[20] = OFF
IR[2]=0
WHILE TRUE
' (WRITE YOUR CODE HERE)
CALL SETTOOLNUM(10)
CALL SETBASENUM(0)
IF IR[1]=39 THEN                       '呼叫圆形码垛
```

```
CALL MDYX
END IF
IF IR[1]=42 THEN                          '呼叫方形码垛
CALL MDFX
END IF
IF IR[1]=45 THEN                          '呼叫矩形码垛
CALL MDJX
END IF
SLEEP 100
END WHILE
DETACH ROBOT
DETACH EXT_AXES
END WITH
END PROGRAM
```

(2) 码垛圆形工件程序：

```
PUBLIC SUB MDYX
' (写代码)
IR[2]=39                                  '呼叫执行圆形码垛反馈
WHILE IR[1]<>41                           '圆形码垛完成反馈
IF IR[1]=40 THEN                          '执行圆形码垛
IR[2]=40                                  '执行圆形码垛中
'圆形蓝色 1 号码垛
'取
MOVE ROBOT   JR[8]                        '码垛取料预备点
MOVE ROBOT   LR[40]+LR[99]                '圆形蓝色 1 号取料点上方
MOVES ROBOT   LR[40] VTRAN=100            '圆形蓝色 1 号取料位
DELAY ROBOT 1
D_OUT[19] = ON                            '真空发生
D_OUT[20] = OFF
DELAY ROBOT 500
CALL WAIT(D_IN[17],ON)                    '真空反馈
MOVES ROBOT   LR[40]+LR[99] VTRAN=100     '圆形蓝色 1 号取料点上方
MOVE ROBOT   JR[8]                        '码垛取料预备点
'放
MOVE ROBOT   JR[9]                        '码垛放料预备点
DELAY ROBOT 1000
MOVE ROBOT   LR[61]+LR[99]                '圆形蓝色 1 号码垛位上方
MOVES ROBOT   LR[61] VTRAN=100            '圆形蓝色 1 号码垛位
```

```
DELAY ROBOT 1000
D_OUT[19] = OFF                                        '真空关闭
D_OUT[20] = ON                                         '真空破坏开启
DELAY ROBOT 500
CALL WAIT(D_IN[17],OFF)                                '真空关闭反馈
D_OUT[20] = OFF                                        '真空破坏关闭
MOVES ROBOT    LR[60]+LR[99]                           '圆形蓝色 1 号码垛位上方
MOVE ROBOT    JR[9]                                    '码垛放料预备点
DELAY ROBOT 1
'圆形蓝色 2 号码垛
'取
MOVE ROBOT    JR[8]                                    '码垛取料预备点
MOVE ROBOT    LR[41]+LR[99]                            '圆形蓝色 2 号取料点上方
MOVES ROBOT    LR[41] VTRAN=100                        '圆形蓝色 2 号取料点
DELAY ROBOT 1
D_OUT[19] = ON                                         '真空发生
D_OUT[20] = OFF
DELAY ROBOT 500
CALL WAIT(D_IN[17],ON)                                 '真空反馈
MOVES ROBOT    LR[41]+LR[99] VTRAN=100                 '圆形蓝色 2 号取料点上方
MOVE ROBOT    JR[8]                                    '码垛取料预备点
'放
MOVE ROBOT    JR[9]                                    '码垛放料预备点
DELAY ROBOT 1
MOVE ROBOT    LR[60]+LR[99]                            '圆形蓝色 2 号码垛位上方
MOVES ROBOT    LR[60] VTRAN=100                        '圆形蓝色 2 号码垛位
DELAY ROBOT 1000
D_OUT[19] = OFF                                        '真空关闭
D_OUT[20] = ON                                         '真空破坏开启
DELAY ROBOT 500
CALL WAIT(D_IN[17],OFF)                                '真空关闭反馈
D_OUT[20] = OFF                                        '真空破坏关闭
MOVE ROBOT    LR[61]+LR[99]                            '圆形蓝色 2 号码垛位上方
MOVE ROBOT    JR[9]                                    '码垛放料预备点
DELAY ROBOT 1

'圆形红色 1 号码垛
'取
MOVE ROBOT    JR[8]                                    '码垛取料预备点
```

```
MOVE ROBOT   LR[42]+LR[99]                 '圆形红色 1 号码垛位上方
MOVES ROBOT   LR[42] VTRAN=100             '圆形红色 1 号码垛位
DELAY ROBOT 1
D_OUT[19] = ON                             '真空发生
D_OUT[20] = OFF
DELAY ROBOT 500
CALL WAIT(D_IN[17],ON)                     '真空反馈
MOVES ROBOT   LR[42]+LR[99] VTRAN=300      '圆形红色 1 号码垛位上方
MOVE ROBOT   JR[8]                         '码垛取料预备点
'放
MOVE ROBOT   JR[9]                         '码垛放料预备点
DELAY ROBOT 1
MOVE ROBOT   LR[63]+LR[99]                 '圆形红色 1 号码垛位上方
MOVES ROBOT   LR[63] VTRAN=100             '圆形红色 1 号码垛位
DELAY ROBOT 1000
D_OUT[19] = OFF                            '真空关闭
D_OUT[20] = ON                             '真空破坏开启
DELAY ROBOT 1000
CALL WAIT(D_IN[17],OFF)                    '真空关闭反馈
D_OUT[20] = OFF                            '真空破坏关闭
MOVES ROBOT   LR[63]+LR[99]                '圆形红色 1 号码垛位上方
MOVE ROBOT   JR[9]                         '码垛放料预备点
DELAY ROBOT 1
'圆形红色 2 号码垛位
'取
MOVE ROBOT   JR[8]                         '码垛取料预备点
MOVE ROBOT   LR[43]+LR[99]                 '圆形红色 2 号码垛位上方
MOVES ROBOT   LR[43] VTRAN=100             '圆形红色 2 号码垛位
DELAY ROBOT 1
D_OUT[19] = ON                             '真空发生
D_OUT[20] = OFF
DELAY ROBOT 500
CALL WAIT(D_IN[17],ON)                     '真空反馈
MOVES ROBOT   LR[43]+LR[99] VTRAN=300      '圆形红色 2 号码垛位上方
MOVE ROBOT   JR[8]                         '码垛取料预备点
'放
MOVE ROBOT   JR[9]                         '码垛放料预备点
DELAY ROBOT 1
MOVE ROBOT   LR[62]+LR[99]                 '圆形红色 2 号码垛位上方
```

```
MOVES ROBOT    LR[62] VTRAN=100         '圆形红色 2 号码垛位
DELAY ROBOT 1000
D_OUT[19] = OFF                         '真空关闭
D_OUT[20] = ON                          '真空破坏开启
DELAY ROBOT 1000
CALL WAIT(D_IN[17],OFF)                 '真空关闭反馈
D_OUT[20] = OFF                         '真空破坏关闭
MOVES ROBOT    LR[63]+LR[99]            '圆形红色 2 号码垛位上方
MOVE ROBOT    JR[9]                     '码垛放料预备点
DELAY ROBOT 1
MOVE ROBOT    JR[1]
DELAY ROBOT 1
SLEEP 1
IR[2]=41                                '圆形码垛完成
WHILE IR[1]<>41                         '圆形码垛完成反馈
SLEEP 100
END WHILE
END IF
SLEEP 200
END WHILE
IR[2]=0
END SUB
```

(3) 码垛方形工件程序：

```
PUBLIC SUB MDFX
' (写代码)
IR[2]=42                                '呼叫执行方形码垛反馈
WHILE IR[1]<>44                         '圆形码垛完成反馈
IF IR[1]=43 THEN                        '执行方形码垛
IR[2]=43                                '执行方形码垛中

'方形蓝色 1 号码垛
'取
MOVE ROBOT    JR[8]                     '码垛取料预备点
MOVE ROBOT    LR[44]+LR[99]             '方形蓝色 1 号码垛位上方
MOVES ROBOT    LR[44] VTRAN=100         '方形蓝色 1 号码垛位
DELAY ROBOT 1000
D_OUT[19] = ON                          '真空发生
D_OUT[20] = OFF
```

```
DELAY ROBOT 1000
CALL WAIT(D_IN[17],ON)                 '真空反馈
MOVES ROBOT   LR[44]+LR[99]            '方形蓝色 1 号码垛位上方
MOVE ROBOT   JR[8]                     '码垛取料预备点
'放
MOVE ROBOT   JR[9]                     '码垛放料预备点
DELAY ROBOT 1000
MOVE ROBOT   LR[64]+LR[99]             '方形蓝色 1 号码垛位上方
MOVES ROBOT   LR[64] VTRAN=100         '方形蓝色 1 号码垛位
DELAY ROBOT 1
D_OUT[19] = OFF                        '真空关闭
D_OUT[20] = ON                         '真空破坏开启
DELAY ROBOT 1000
CALL WAIT(D_IN[17],OFF)                '真空关闭反馈
D_OUT[20] = OFF                        '真空破坏关闭
MOVE ROBOT   LR[64]+LR[99]             '方形蓝色 1 号码垛位上方
MOVE ROBOT   JR[9]                     '码垛放料预备点
DELAY ROBOT 1

'方形蓝色 2 号码垛
'取
MOVE ROBOT   JR[8]                     '码垛取料预备点
MOVE ROBOT   LR[45]+LR[99]             '方形蓝色 2 号取料点上方
MOVES ROBOT   LR[45] VTRAN=100         '方形蓝色 2 号取料点
DELAY ROBOT 1000
D_OUT[19] = ON                         '真空发生
D_OUT[20] = OFF
DELAY ROBOT 1000
CALL WAIT(D_IN[17],ON)                 '真空反馈
MOVES ROBOT   LR[45]+LR[99]            '方形蓝色 2 号取料点上方
MOVE ROBOT   JR[8]                     '码垛取料预备点
'放
MOVE ROBOT   JR[9]                     '码垛放料预备点
DELAY ROBOT 1
MOVE ROBOT   LR[65]+LR[99]             '方形蓝色 2 号码垛位上方
MOVES ROBOT   LR[65] VTRAN=100         '方形蓝色 2 号码垛位
DELAY ROBOT 1
D_OUT[19] = OFF                        '真空关闭
D_OUT[20] = ON                         '真空破坏开启
```

```
DELAY ROBOT 1000
CALL WAIT(D_IN[17],OFF)              '真空关闭反馈
D_OUT[20] = OFF                      '真空破坏关闭
MOVE ROBOT    LR[65]+LR[99]          '方形蓝色 2 号码垛位上方
MOVE ROBOT    JR[9]                  '码垛放料预备点
DELAY ROBOT 1000

'方形红色 1 号码垛位
'取
MOVE ROBOT    JR[8]                  '码垛取料预备点
MOVE ROBOT    LR[46]+LR[99]          '方形红色 1 号码垛位上方
MOVES ROBOT    LR[46] VTRAN=100      '方形红色 1 号码垛位
DELAY ROBOT 1
D_OUT[19] = ON                       '真空发生
D_OUT[20] = OFF
DELAY ROBOT 500
CALL WAIT(D_IN[17],ON)               '真空反馈
MOVES ROBOT    LR[46]+LR[99]         '方形红色 1 号码垛位上方
MOVE ROBOT    JR[8]                  '码垛取料预备点
'放
MOVE ROBOT    JR[9]                  '码垛放料预备点
DELAY ROBOT 1000
MOVE ROBOT    LR[66]+LR[99]          '方形红色 1 号码垛位上方
MOVES ROBOT    LR[66] VTRAN=100      '方形红色 1 号码垛位
DELAY ROBOT 1
D_OUT[19] = OFF                      '真空关闭
D_OUT[20] = ON                       '真空破坏开启
DELAY ROBOT 500
CALL WAIT(D_IN[17],OFF)              '真空关闭反馈
D_OUT[20] = OFF                      '真空破坏关闭
MOVE ROBOT    LR[66]+LR[99]          '方形红色 1 号码垛位上方
MOVE ROBOT    JR[9]                  '码垛放料预备点
DELAY ROBOT 1

'方形红色 2 号码垛位
'取
MOVE ROBOT    JR[8]                  '码垛取料预备点
MOVE ROBOT    LR[47]+LR[99]          '方形红色 2 号码垛位上方
MOVES ROBOT    LR[47] VTRAN=100      '方形红色 2 号码垛位
```

```
DELAY ROBOT 1
D_OUT[19] = ON                              '真空发生
D_OUT[20] = OFF
DELAY ROBOT 500
CALL WAIT(D_IN[17],ON)                      '真空反馈
MOVES ROBOT    LR[47]+LR[99]                '方形红色 2 号码垛位上方
MOVE ROBOT    JR[8]                         '码垛取料预备点
'放
MOVE ROBOT    JR[9]                         '码垛放料预备点
DELAY ROBOT 1000
MOVE ROBOT    LR[67]+LR[99]                 '方形红色 2 号码垛位上方
MOVES ROBOT    LR[67] VTRAN=100             '方形红色 2 号码垛位
DELAY ROBOT 1
D_OUT[19] = OFF                             '真空关闭
D_OUT[20] = ON                              '真空破坏开启
DELAY ROBOT 500
CALL WAIT(D_IN[17],OFF)                     '真空关闭反馈
D_OUT[20] = OFF                             '真空破坏关闭
MOVE ROBOT    LR[67]+LR[99]                 '方形红色 2 号码垛位上方
MOVE ROBOT    JR[9]                         '码垛放料预备点
DELAY ROBOT 1
IR[2]=44                                    '执行方形码垛完成
WHILE IR[1]<>44                             '执行方形码垛完成反馈
SLEEP 100
END WHILE
END IF
SLEEP 200
END WHILE
IR[2]=0
END SUB
```

(4) 码垛矩形工件程序：

```
PUBLIC SUB MDJX
' (写代码)
IR[2]=45                                    '呼叫执行矩形码垛反馈
WHILE IR[1]<>47                             '执行矩形码垛反馈
IF IR[1]=46 THEN                            '执行矩形码垛
IR[2]=46                                    '执行矩形码垛中
```

```
'矩形蓝色 1 号码垛
'取
MOVE ROBOT    JR[8]                              '码垛取料预备点
MOVE ROBOT    LR[48]+LR[99]                      '矩形蓝色 1 号码垛位上方
MOVES ROBOT   LR[48] VTRAN=100                   '矩形蓝色 1 号码垛位
DELAY ROBOT 1
D_OUT[19] = ON                                   '真空发生
D_OUT[20] = OFF
DELAY ROBOT 500
CALL WAIT(D_IN[17],ON)                           '真空反馈
MOVES ROBOT   LR[48]+LR[99] VTRAN=100            '矩形蓝色 1 号码垛位上方
MOVE ROBOT    JR[8]                              '码垛取料预备点
'放
MOVE ROBOT    JR[9]                              '码垛放料预备点
DELAY ROBOT 1000
MOVE ROBOT    LR[68]+LR[99]                      '矩形蓝色 1 号码垛位上方
MOVE ROBOT    LR[68] VCRUISE=100                 '矩形蓝色 1 号码垛位
DELAY ROBOT 1
D_OUT[19] = OFF                                  '真空关闭
D_OUT[20] = ON                                   '真空破坏开启
DELAY ROBOT 1000
CALL WAIT(D_IN[17],OFF)                          '真空关闭反馈
D_OUT[20] = OFF                                  '真空破坏关闭
MOVE ROBOT    LR[68]+LR[99]                      '矩形蓝色 1 号码垛位上方
MOVE ROBOT    JR[9]                              '码垛放料预备点
DELAY ROBOT 1

'矩形蓝色 2 号码垛位
'取
MOVE ROBOT    JR[8]                              '码垛取料预备点
MOVE ROBOT    LR[49]+LR[99]                      '矩形蓝色 2 号取料点上方
MOVES ROBOT   LR[49] VTRAN=100                   '矩形蓝色 2 号取料点
DELAY ROBOT 1
D_OUT[19] = ON                                   '真空发生
D_OUT[20] = OFF
DELAY ROBOT 500
CALL WAIT(D_IN[17],ON)                           '真空反馈
MOVES ROBOT   LR[49]+LR[99] VTRAN=100            '矩形蓝色 2 号取料点上方
MOVE ROBOT    JR[8]                              '码垛取料预备点
```

```
'放
MOVE ROBOT  JR[9]                      '码垛放料预备点
DELAY ROBOT 1
MOVE ROBOT  LR[69]+LR[99]              '矩形蓝色 2 号码垛位上方
MOVE ROBOT  LR[69] VCRUISE=100         '矩形蓝色 2 号码垛位
DELAY ROBOT 1
D_OUT[19] = OFF                        '真空关闭
D_OUT[20] = ON                         '真空破坏开启
DELAY ROBOT 1000
CALL WAIT(D_IN[17],OFF)                '真空关闭反馈
D_OUT[20] = OFF                        '真空破坏关闭
MOVE ROBOT  LR[69]+LR[99]              '矩形蓝色 2 号码垛位上方
MOVE ROBOT  JR[9]                      '码垛放料预备点
DELAY ROBOT 1

'矩形蓝色 3 号码垛位
'取
MOVE ROBOT  JR[8]                      '码垛取料预备点
MOVE ROBOT  LR[50]+LR[99]              '矩形蓝色 3 号取料点上方
MOVES ROBOT  LR[50] VTRAN=100          '矩形蓝色 3 号取料点
DELAY ROBOT 1
D_OUT[19] = ON                         '真空发生
D_OUT[20] = OFF
DELAY ROBOT 500
CALL WAIT(D_IN[17],ON)                 '真空反馈
MOVES ROBOT  LR[50]+LR[99]             '矩形蓝色 3 号取料点上方
MOVE ROBOT  JR[8]                      '码垛取料预备点
'放
MOVE ROBOT  JR[9]                      '码垛放料预备点
DELAY ROBOT 1000
MOVE ROBOT  LR[70]+LR[99]              '矩形蓝色 3 号码垛位上方
MOVE ROBOT  LR[70] VCRUISE=100         '矩形蓝色 3 号码垛位
DELAY ROBOT 1
D_OUT[19] = OFF                        '真空关闭
D_OUT[20] = ON                         '真空破坏开启
DELAY ROBOT 500
CALL WAIT(D_IN[17],OFF)                '真空关闭反馈
D_OUT[20] = OFF                        '真空破坏关闭
MOVE ROBOT  LR[70]+LR[99]              '矩形蓝色 3 号码垛位上方
```

```
MOVE ROBOT   JR[9]                              '码垛放料预备点
DELAY ROBOT 1

'矩形蓝色 4 号码垛
'取
MOVE ROBOT   JR[8]                              '码垛取料预备点
MOVE ROBOT   LR[51]+LR[99]                      '矩形蓝色 4 号取料点上方
MOVES ROBOT   LR[51] VTRAN=100                  '矩形蓝色 4 号取料点
DELAY ROBOT 1
D_OUT[19] = ON                                  '真空发生
D_OUT[20] = OFF
DELAY ROBOT 500
CALL WAIT(D_IN[17],ON)                          '真空反馈
MOVES ROBOT   LR[51]+LR[99]                     '矩形蓝色 4 号取料点上方
MOVE ROBOT   JR[8]                              '码垛取料预备点
'放
MOVE ROBOT   JR[9]                              '码垛放料预备点
DELAY ROBOT 1000
MOVE ROBOT   LR[71]+LR[99]                      '矩形蓝色 4 号码垛位上方
MOVE ROBOT   LR[71] VCRUISE=100                 '矩形蓝色 4 号码垛位
DELAY ROBOT 1
D_OUT[19] = OFF                                 '真空关闭
D_OUT[20] = ON                                  '真空破坏开启
DELAY ROBOT 500
CALL WAIT(D_IN[17],OFF)                         '真空关闭反馈
D_OUT[20] = OFF                                 '真空破坏关闭
MOVE ROBOT   LR[71]+LR[99]                      '矩形蓝色 4 号码垛位上方
MOVE ROBOT   JR[9]                              '码垛放料预备点
DELAY ROBOT 1

'矩形红色 1 号码垛
MOVE ROBOT   JR[8]                              '码垛取料预备点
MOVE ROBOT   LR[52]+LR[99]                      '矩形红色 1 号码垛位上方
MOVES ROBOT   LR[52] VTRAN=100                  '矩形红色 1 号码垛位
DELAY ROBOT 1000
D_OUT[19] = ON                                  '真空发生
D_OUT[20] = OFF
DELAY ROBOT 1000
CALL WAIT(D_IN[17],ON)                          '真空反馈
```

```
MOVES ROBOT   LR[52]+LR[99]          '矩形红色 1 号码垛位上方
MOVE ROBOT   JR[8]                   '码垛取料预备点
'放
MOVE ROBOT   JR[9]                   '码垛放料预备点
DELAY ROBOT 1
MOVE ROBOT   LR[72]+LR[99]           '矩形红色 1 号码垛位上方
MOVE ROBOT   LR[72] VCRUISE=100      '矩形红色 1 号码垛位
DELAY ROBOT 1000
D_OUT[19] = OFF                      '真空关闭
D_OUT[20] = ON                       '真空破坏开启
DELAY ROBOT 1000
CALL WAIT(D_IN[17],OFF)              '真空关闭反馈
D_OUT[20] = OFF                      '真空破坏关闭
MOVE ROBOT   LR[72]+LR[99]           '矩形红色 1 号码垛位上方
MOVE ROBOT   JR[9]                   '码垛放料预备点
DELAY ROBOT 1

'矩形红色 2 号码垛位
'取
MOVE ROBOT   JR[8]                   '码垛取料预备点
MOVE ROBOT   LR[53]+LR[99]           '矩形红色 2 号码垛位上方
MOVES ROBOT   LR[53] VTRAN=100       '矩形红色 2 号码垛位
DELAY ROBOT 1
D_OUT[19] = ON                       '真空发生
D_OUT[20] = OFF
DELAY ROBOT 1000
CALL WAIT(D_IN[17],ON)               '真空反馈
MOVES ROBOT   LR[53]+LR[99]          '矩形红色 2 号码垛位上方
MOVE ROBOT   JR[8]                   '码垛取料预备点
'放
MOVE ROBOT   JR[9]                   '码垛放料预备点
DELAY ROBOT 1
MOVE ROBOT   LR[73]+LR[99]           '矩形红色 2 号码垛位上方
MOVE ROBOT   LR[73] VCRUISE=100      '矩形红色 2 号码垛位
DELAY ROBOT 1000
D_OUT[19] = OFF                      '真空关闭
D_OUT[20] = ON                       '真空破坏开启
DELAY ROBOT 1000
CALL WAIT(D_IN[17],OFF)              '真空关闭反馈
```

```
D_OUT[20] = OFF                          '真空破坏关闭
MOVE ROBOT   LR[73]+LR[99]               '矩形红色 2 号码垛位上方
MOVE ROBOT   JR[9]                       '码垛放料预备点
DELAY ROBOT 1

'矩形红色 3 号码垛位
'取
MOVE ROBOT   JR[8]                       '码垛取料预备点
MOVE ROBOT   LR[54]+LR[99]               '矩形红色 3 号码垛位上方
MOVES ROBOT   LR[54] VTRAN=100           '矩形红色 3 号码垛位
DELAY ROBOT 1000
D_OUT[19] = ON                           '真空发生
D_OUT[20] = OFF
DELAY ROBOT 1000
CALL WAIT(D_IN[17],ON)                   '真空反馈
MOVES ROBOT   LR[54]+LR[99]              '矩形红色 3 号码垛位上方
MOVE ROBOT   JR[8]                       '码垛取料预备点
'放
MOVE ROBOT   JR[9]                       '码垛放料预备点
DELAY ROBOT 1000
MOVE ROBOT   LR[74]+LR[99]               '矩形红色 3 号码垛位上方
MOVE ROBOT   LR[74] VCRUISE=100          '矩形红色 3 号码垛位
DELAY ROBOT 1000
D_OUT[19] = OFF                          '真空关闭
D_OUT[20] = ON                           '真空破坏开启
DELAY ROBOT 1000
CALL WAIT(D_IN[17],OFF)                  '真空关闭反馈
D_OUT[20] = OFF                          '真空破坏关闭
MOVE ROBOT   LR[74]+LR[99]               '矩形红色 3 号码垛位上方
MOVE ROBOT   JR[9]                       '码垛放料预备点
DELAY ROBOT 1
'矩形红色 4 号码垛位
'取
MOVE ROBOT   JR[8]                       '码垛取料预备点
MOVE ROBOT   LR[55]+LR[99]               '矩形红色 4 号码垛位上方
MOVES ROBOT   LR[55] VTRAN=100           '矩形红色 4 号码垛位
DELAY ROBOT 1
D_OUT[19] = ON                           '真空发生
D_OUT[20] = OFF
```

```
DELAY ROBOT 1000
CALL WAIT(D_IN[17],ON)                    '真空反馈
MOVES ROBOT   LR[55]+LR[99]               '矩形红色 4 号码垛位上方
MOVE ROBOT   JR[8]                        '码垛取料预备点
'放
MOVE ROBOT   JR[9]                        '码垛放料预备点
DELAY ROBOT 1
MOVE ROBOT   LR[75]+LR[99]                '矩形红色 4 号码垛上方
MOVE ROBOT   LR[75] VCRUISE=100           '矩形红色 4 号码垛位
DELAY ROBOT 1000
D_OUT[19] = OFF                           '真空关闭
D_OUT[20] = ON                            '真空破坏开启
DELAY ROBOT 1000
CALL WAIT(D_IN[17],OFF)                   '真空关闭反馈
D_OUT[20] = OFF                           '真空破坏关闭
MOVE ROBOT   LR[75]+LR[99]                '矩形红色 4 号码垛上方
MOVE ROBOT   JR[9]                        '码垛放料预备点
DELAY ROBOT 1
IR[2]=47                                  '执行矩形码垛完成
WHILE IR[1]<>47                           '执行矩形码垛完成反馈
SLEEP 100
END WHILE
END IF
SLEEP 200
END WHILE
IR[2]=0
END SUB
```

五、实训考核

根据完成实训综合情况，给予考核，考核细则及评分如表 3-7 所示。

表 3-7　实训考核表

基 本 素 养(30 分)					
序号	考核内容	分值	自评	互评	师评
1	纪律(无迟到、早退、旷课)	10			
2	安全操作规范	10			
3	参与度、团队协作能力、沟通交流能力	10			

续表

理论知识(30分)					
序号	考核内容	分值	自评	互评	师评
1	指令的使用	10			
2	坐标系的选择	10			
3	运行模式的选择	10			
技能操作(40分)					
序号	考核内容	分值	自评	互评	师评
1	取料点的准确性	10			
2	放料点的准确性	10			
3	程序逻辑性	10			
4	运行过程的安全性	10			
总分		100			

项目小结

通过本实训项目，读者应重点理解工业机器人编程指令的语法格式、编写方法，以及工业机器人基本指令正确编写程序；掌握程序的新建、编辑和加载方法，工业机器人指令的语法格式和编写方法；能够完成码垛动作的示教。

思考与练习

1. 简述如何标定工具坐标和基坐标。
2. 简述机器人在不同坐标系下运动的区别。
3. 机器人指令有哪些？写出指令格式并给出用法举例。
4. 简述机器人示教编程的基本操作。

实训项目四　工业机器人离线编程与应用

项目分析

本项目将以 InteRobot 离线编程软件为例，介绍离线编程软件运行环境、操作界面和使用功能，让读者掌握 InteRobot 离线编程软件的使用方法，为下一步离线编程的应用做好技术准备。

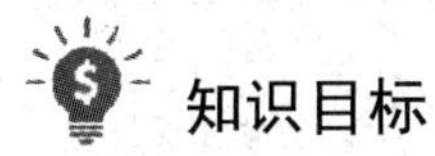

知识目标

(1) 了解离线编程的含义及发展现状。
(2) 掌握离线编程的基本原理。
(3) 离线编程软件的操作界面及基本功能。
(4) 掌握 InteRobot 离线编程软件的基本操作。

能力目标

(1) 能够说出离线编程与示教编程的区别。
(2) 掌握离线编程的基本原理和组成。
(3) 会启用离线编程软件。
(4) 能使用离线编程软件进行示教操作。
(5) 能使用离线编程软件进行离线操作。
(6) 能使用离线编程软件进行码垛操作。

任务　工业机器人离线编程

任务目标

(1) 了解工业机器人离线编程的意义及重要性。

(2) 理解离线编程是机器人智能化发展的必然。

(3) 熟悉工业机器人离线编程的主要流程。

(4) 了解各种工业机器人离线编程软件。

(5) 了解 InteRobot 离线编程软件的特色及功能。

(6) 熟悉 InteRobot 离线编程软件的主要操作。

(7) 了解工业机器人 InteRobot 离线编程软件的应用方法。

知识链接　机器人编程方式

一、机器人编程方式

随着人工成本的不断上涨，采用机器人替代人工已经成为制造企业的更优选择。目前，机器人广泛应用于焊接、装配、搬运、喷漆、打磨等领域。随着任务的复杂程度不断增加，对机器人编程的要求也越来越高，机器人的编程方式、编程效率和质量显得越来越重要。目前，企业采用的机器人编程方式有两种：示教编程与离线编程。

1. 示教编程

示教编程，即操作人员通过示教器或者手动方式控制机器人的关节运动，让机器人按照一定的轨迹运动，机器人控制器记录动作，并可根据指令自动重复该动作。

目前，机器人示教编程主要应用于对精度要求不高的任务，如搬运、码垛、喷涂等领域，特点是轨迹简单、操作方便。有些场合甚至不需要使用示教器，而是直接由人手执固定在机器人末端的工具进行示教就可满足工作需要。但是当任务对精度要求较高时，示教编程则无法满足任务需求。

2. 离线编程

离线编程是通过软件在电脑里重建整个工作场景的三维虚拟环境，再根据加工工艺等相关需求，进行一系列操作生成机器人的运动轨迹，即控制指令，然后在软件中仿真并调整轨迹，生成机器人执行程序，输入到机器人控制器中。

目前离线编程广泛应用于打磨、去毛刺、焊接、激光切割、数控加工等机器人新兴应用领域。离线编程克服了在线示教编程的很多缺点，与示教编程相比，离线编程系统具有以下优点：

(1) 减少机器人停机的时间，当对下一个任务进行编程时，机器人仍可在生产线上工作。

(2) 使编程者远离危险的工作环境，改善了编程环境。

(3) 离线编程系统使用范围广，可以对各种机器人进行编程，并能方便地实现优化编程。

(4) 便于和 CAD/CAM 系统结合，做到 CAD/CAM/ROBOTICS 一体化。

(5) 可使用高级计算机编程语言对复杂任务进行编程。

(6) 便于修改机器人程序。

二、机器人离线编程系统的组成

1. 离线编程主要流程

机器人离线编程系统不仅要在计算机上建立起机器人系统的物理模型，而且要对其进行编程和动画仿真，以及对编程结果后置处理。首先需要建立待加工产品的CAD模型，以及机器人和产品之间的几何位置关系，然后根据特定的工艺进行轨迹规划和离线编程仿真，确认无误后输入到机器人控制器中执行。

机器人离线编程从狭义上指通过三维模型生成NC程序的过程，在概念上与数控加工离线编程类似，都必须经过标定、路径规划、运动仿真、后置处理几个步骤。一般而言，机器人离线编程可针对单个机器人或流水线上多个机器人进行。针对单个机器人工作单元的编程称为单元编程，针对流水线上多个机器人工作单元的编程称为流水线编程。从本质上讲，流水线编程是由单元编程组成的，需要注意在各单元编程时设置好节拍。

2. 离线编程系统的组成

机器人离线编程系统主要包括操作界面、三维模型、运动学模型、轨迹规划算法、运动仿真、数据通信接口和机器人误差补偿等。

1) 操作界面

操作界面作为人机交互的唯一途径，支持必要参数的设定，同时将路径信息与仿真信息直观地显示给编程人员。

2) 三维模型

三维模型是离线编程不可或缺的，路径规划和仿真都依托于已构建的机器人、工件、夹具及工具的三维模型，所以离线编程系统通常需要CAD系统的支持。目前的离线编程软件在CAD的集成模式上可分为三种：包含CAD功能的独立软件、支持CAD文件导入的独立软件和集成于CAD平台的功能模块。

3) 运动学模型

运动学模型通常指机器人的正逆运动学计算模型，一般要求与机器人控制系统采用同样的算法，主要用于运动仿真的关节角度计算，以及用于后置处理中生成直接控制关节运动量的快速运动。

4) 轨迹规划算法

轨迹规划算法包括离线编程软件对工具运动路径的规划及控制系统对TCP运动的规划。前者与工艺相关，由编程人员确定；后者与控制系统中轨迹插值和速度规划算法有关，不同厂家的控制系统路径规划算法差异很大。

5) 运动仿真

运动仿真是检验轨迹合法性的必要过程和重要依据，编程人员需要根据仿真检查路径的正确性，及时避免刚体间的碰撞干涉。

6) 数据通信接口

数据通信接口是离线编程系统与机器人控制系统进行数据交换的途径，常见的是通过网线、USB 接口、CF 卡等进行数据交换。

7) 机器人误差补偿

由于机器人连杆制造和装配的误差，以及刚度不足、环境温度变化等因素的影响，机器人的定位精度通常要比机床低很多，如 ABB IRB2400 的定位精度为 + 1 mm，这可以通过标定误差、修正 NC 指令等措施予以改善。

三、机器人离线编程现状及趋势

1. 机器人离线编程现状

机器人离线编程在国外的研究起步较早，而且已经拥有商品化的离线编程系统，如 RobotMaster 是行业领导者，最具通用性；Siemens 的 ROBCAD 在汽车生产行业中占有统治地位；四大机器人家族的专用离线编程软件占据了中国机器人产业 70%以上的市场份额，并且几乎垄断了机器人制造、焊接等高端领域。

2. 机器人编程趋势

随着视觉技术、传感技术、智能控制、网络和信息技术以及大数据等技术的发展，未来的机器人编程技术将会发生根本的变革，主要表现在以下几个方面：

(1) 编程将会变得简单、快速、可视、模拟，且仿真立等可见。

(2) 基于视觉、传感、信息和大数据技术，感知、辨识、重构环境和工件等的 CAD 模型，自动获取加工路径的几何信息。

(3) 基于互联网技术实现编程的网络化、远程化、可视化。

(4) 基于增强现实技术实现离线编程和真实场景的互动。

(5) 根据离线编程技术和现场获取的几何信息自主规划加工路径、焊接参数并进行仿真确认。

在不远的将来，传统的在线示教编程将只在很少的场合得到应用，比如空间探索、水下作业、核电领域等，而离线编程技术将会得到进一步发展，并与 CAD/CAM、视觉技术、传感技术，互联网、大数据、增强现实等技术深度融合，自动感知、辨识和重构工件和加工路径等，实现路径的自主规划、自动纠偏和自适应环境。

四、软件简介

InteRobot 是由华数机器人推出的一款具备完全自主知识产权、最贴近工业市场应用的国产离线编程与仿真软件。InteRobot 支持华数、ABB、KUKA、安川、川崎等国内外各种品牌和型号的工业机器人，具备机器人库管理、工具库管理、加工方式选择、加工路径规划、运动学求解、机器人选择、控制参数设置、防碰撞和干涉检查、运动学仿真等离线编程基本功能，最大特色是与应用领域的工艺知识深度结合，可解决机器人应用领域扩大和任务复杂程度增加的迫切难题，可广泛应用于 3C 产品金属部件、航空航天零件、汽车覆盖件及激光焊接与切割、模具制造、五金零件、喷涂、多轴加工、石材和板材加工等专业领域。

InteRobot 离线编程主要具有以下功能及特色：

1. 快速编程、精准实现

相对于传统的手动示教编程来说，InteRobot 离线编程软件是直接针对三维模型进行编程和仿真的，它直接在计算机虚拟环境下对机器人和工作场景进行标定，通过开发多种轨迹规划方法规划出机器人加工路径，经过虚拟仿真和碰撞干涉检查之后，输出的程序能够直接运行于实际工业机器人中，整个过程在办公电脑上完成，无需中断生产，编程快、精度高，且没有安全隐患。

2. 支持多品牌工业机器人

InteRobot 支持国内外主流品牌机器人，如华数、ABB、KUKA、安川、川崎等品牌，机器人库已提供系列型号的机器人，也支持自定义，可以扩展任意型号的机器人。

3. 专业化工艺软件包

离线编程软件深度融合智能制造领域工艺知识，可针对打磨、焊接、涂装等行业，提供专业的工艺参数设置和相关轨迹编程方法，可自适应生成包含工艺特性的机器人程序。

4. 丰富的轨迹规划方法

InteRobot 的轨迹规划提供手动、自动、外部等方法，可适应国内多行业人员的编程习惯。离线编程规划的轨迹程序还可支持多外部轴联动控制，包括单变位机、双变位机以及混合控制。

5. 高效的程序点校验和修调方法

在打磨、焊接、喷涂等实际项目中，离线编程的程序点的校验和修调不可避免。InteRobot 基于大量的实际应用经验，开发了机器人点位随动、框选批量删除、笛卡尔各坐标批量修调、位置定向偏置等系列功能，能够高效地校验和修调不满足要求的程序点。

6. 智能的轨迹优化方法

InteRobot 离线编程软件提供智能的轨迹分析工具，能够根据加工轨迹的变化及工艺要求识别出工件表面的特征线和特征点，进而实现机器人程序的速度、加速度规划。此外，它针对华数机器人还可以设置 CP、SP、AI 等高级过渡参数。

五、软件安装要求及方法

1. 环境

根据机器人离线编程软件应用环境的需求来选择合适的硬件配置，如 CPU 的指标、内存及磁盘容量等。下面给出安装该系统软件所需的基本硬件配置：

CPU：Intel i5 或同类性能以上处理器。

内存：4 GB 以上。

显存：1 GB 以上独立显卡。

硬盘：500 GB 以上。

显示器：14 寸以上。

2. 安装过程

机器人离线编程软件一键式安装非常方便，双击“InteRobot Setup.exe”安装文件，进入 InteRobot 安装向导界面，直接单击“下一步”按钮即可，如图 4-1 所示。

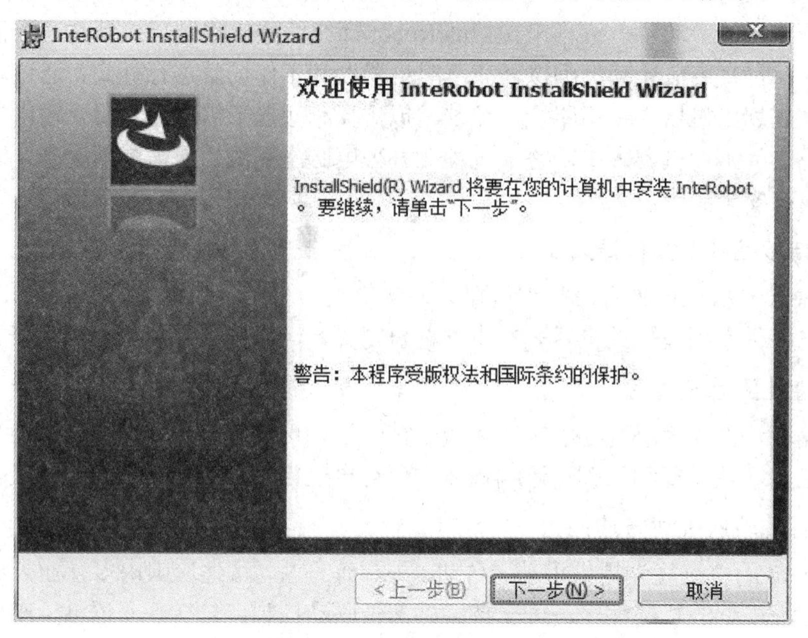

图 4-1　机器人离线编程软件安装向导

进入到“安装目录”设置界面，用户可以选择该软件的安装位置，如图 4-2 所示。注意，安装目录必须是英文目录。设置好安装目录后，直接单击“下一步”按钮即可。

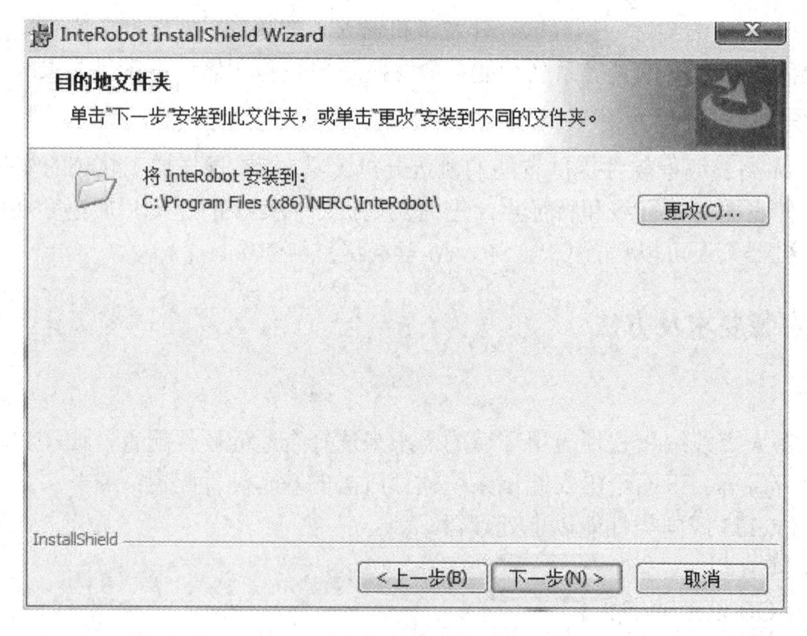

图 4-2　机器人离线编程软件安装目录设置

由于电脑配置的不同，安装过程等待的时间也会不同，但是通常几分钟就可安装完成。安装完成后，软件界面即显示“安装完成”。单击“关闭”按钮即可完成安装过程。如图 4-3 所示为安装过程。

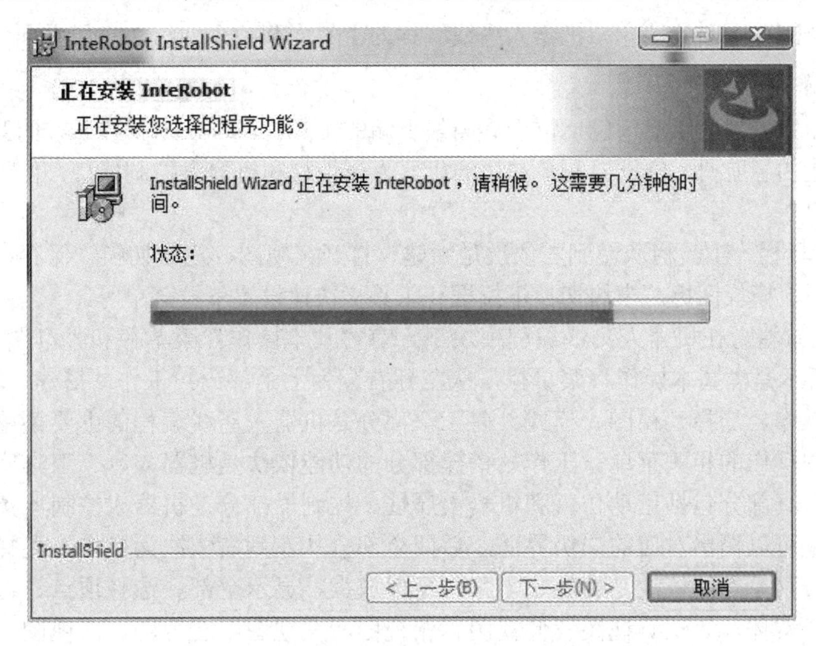

图 4-3　机器人离线编程软件安装

安装完成后，桌面会出现 InteRobot 的快捷方式，开始菜单中有 InteRobot 的启动项，如图 4-4 所示。

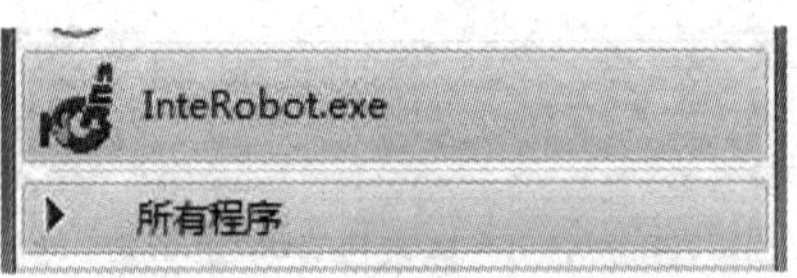

图 4-4　InteRobot 的快捷方式和启动项

3. 软件启动

双击 InteRobot 的快捷方式或者单击 InteRobot 的启动项即可启动 InteRobot 软件。弹出如图 4-5 所示的提示："没有发现加密狗，请确认或与管理员联系！"此时将购买软件时附带的"加密狗"插入电脑的 USB 口后即可顺利打开软件。

图 4-5　未插入加密狗情况下打开软件界面

运行 InteRobot 离线编程软件后进入初始界面，此时的软件是空白界面，需要进行"新建"之后才能对软件进行操作。新建文件后系统默认进入机器人模块。界面出现机器人离线编程的快捷菜单栏，包括左边的导航树、右边的机器人属性栏和机器人控制器栏。

4. 软件界面

软件界面由主界面、二级界面和三级界面组成，二级界面和三级界面都是以弹出窗体的形式出现的。下面分别介绍机器人离线编程的主界面和各个二级、三级界面。

1) 主界面

主界面由五部分组成，包括位于界面最上端的工具栏，位于工具栏下方的菜单栏，位于界面左边的导航树，位于界面最右边的机器人属性栏和机器人控制器栏，位于界面中部的视图窗口。

(1) 工具栏。工具栏从左到右依次是新建、打开、视图、皮肤切换、保存、另存为、撤销、重做、模块图标、模块切换下拉框和工具栏快速设置下拉菜单等。

(2) 菜单栏。在机器人离线编程模块下，有“基本操作”菜单栏和“草图”菜单栏。如图 4-6 所示是“基本操作”菜单栏，从左到右分为七个部分：工作站搭建、运动仿真、控制器、操作、选择、视图、模式。前三个部分是机器人离线编程的主要菜单，后四个部分是视图操作的相关菜单。工作站搭建部分的功能依次是机器人库、工具库、导入模型。运动仿真部分包括运动仿真和机器人属性。控制器部分是机器人控制器菜单。单击相应的菜单可以调出对应的二级界面。后四个部分从左到右依次为操作、选择、视图、模式菜单，菜单功能依次是旋转、平移、窗口放大、显示全部、选择顶点、选择边、选择面、选择实体、等轴测视图、仰视图、俯视图、左视图、右视图、前视图、后视图、实体视图、线框视图。“草图”菜单栏如图 4-7 所示，从左到右依次是点、线、矩形、圆、坐标系、立方体。

图 4-6　“基本操作”菜单栏

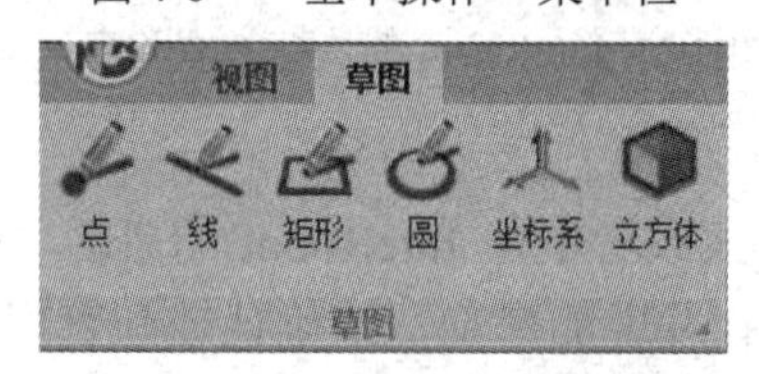

图 4-7　“草图”菜单栏

(3) 导航树。导航树分为两部分，包括“工作站”导航树和“工作场景”导航树，在导航栏的最下端单击标签可以切换两种导航树的显示。“工作站”导航树是以工作站作为根节点，下有三个子节点，包括机器人组、工件坐标系组和工序组，这是工作站节点最基本的组成，后续根据用户的实际操作，会以这三个节点为根节点产生不同的子节点。“工作场景”导航树是以工作场景作为根节点，下有一个子节点，后续根据用户的实际操作，也会在工作组节点下产生其他子节点。导航栏既便于用户操作，也可以方便用户非常直观地了解到整个机器人离线编程文件的组成。如图 4-8 所示，分别是“工作站”导航树和“工作场景”导航树。

(4) 机器人属性栏。机器人属性栏的主要作用是对机器人进行仿真控制，控制机器人的姿态，让机器人按照用户的预期运动，或运动到用户指定的位置。机器人属性栏包括四部分：机器人选择部分、基坐标系相对于世界坐标系部分、机器人工具坐标系虚轴控制部分和实轴控制部分、机器人回归初始位置控制部分，如图 4-9 所示。

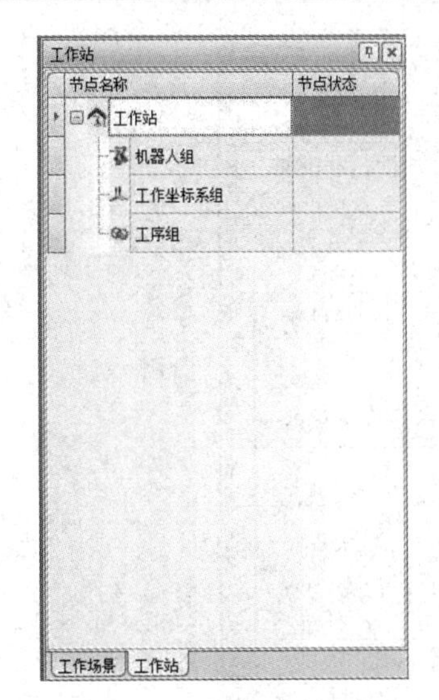

图 4-8　导航栏

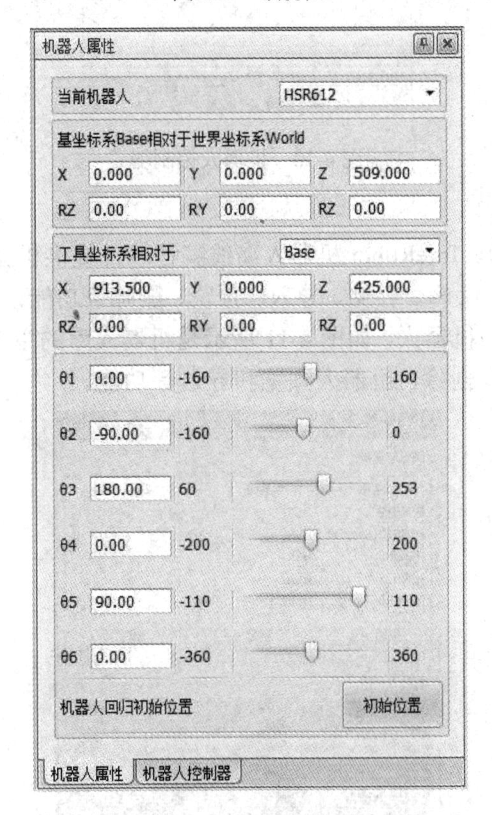

图 4-9　机器人属性

(5) 机器人控制器栏。如图 4-10 所示是机器人控制器栏，包括三个部分：设备连接部分、运动参数部分和消息显示部分。设备连接部分有扫描设备、重启控制器、连接设备、断开连接等功能，列表中显示了设备的详细信息。运动参数部分有功能模式的选择、工作模式的选择、使能的开/关、倍率设置等功能。

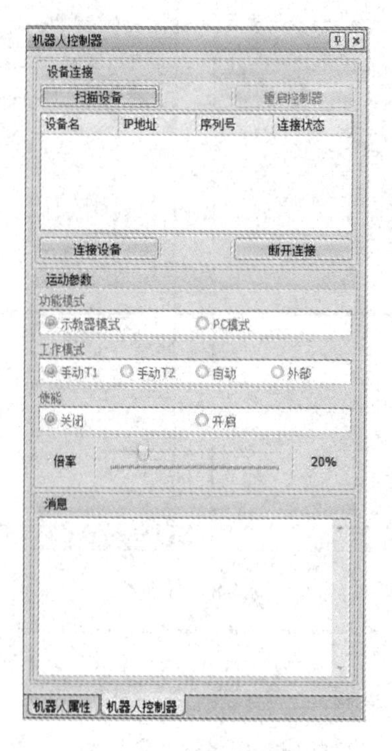

图 4-10　机器人控制器

2) 机器人相关界面

(1) 机器人库主界面。InteRobot 机器人离线编程软件提供机器人库的相关操作，包括各种型号机器人的新建、编辑、存储、导入、预览、删除等功能，实现对机器人库的管理，方便用户随时调用所需的机器人。如图 4-11 所示是机器人库的主界面，提供机器人基本参数的显示、编辑、新建、删除、机器人预览和导入等功能。

图 4-11　“机器人库”主界面

(2) 编辑界面。在机器人库的主界面上单击“编辑”按钮，软件进入选中机器人的编辑界面，能够修改机器人库中的机器人参数。

如图 4-12 所示，机器人库包括五个部分：机器人名、机器人总体预览、机器人基本数据、定位坐标系、关节数据。机器人基本数据中包括机器人的类型、轴数、图形文件的位置。单击“定位坐标系”后的下三角箭头，显示机器人坐标系的定位设置参数，如图 4-13 所示，用户可根据实际加工情况设置机器人坐标系的位置。

图 4-12　机器人编辑界面

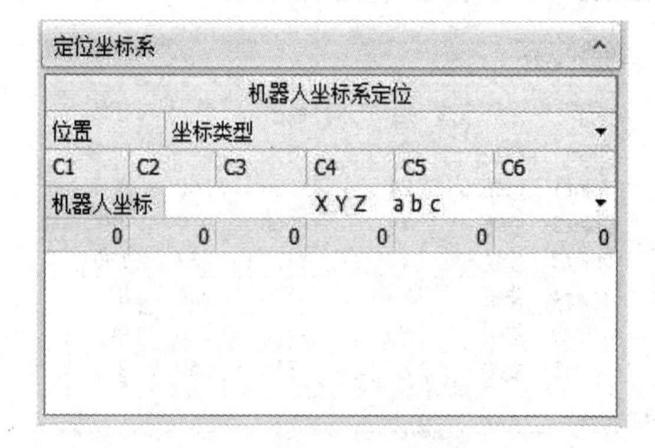

图 4-13　定位坐标系

“关节数据”下拉列表被打开之后显示三个子下拉列表，包括模型信息、尺寸信息、运动参数。“模型信息”中显示了各个关节对应的模型数据，用户可以选择对应的模型文件，如图 4-14 所示。

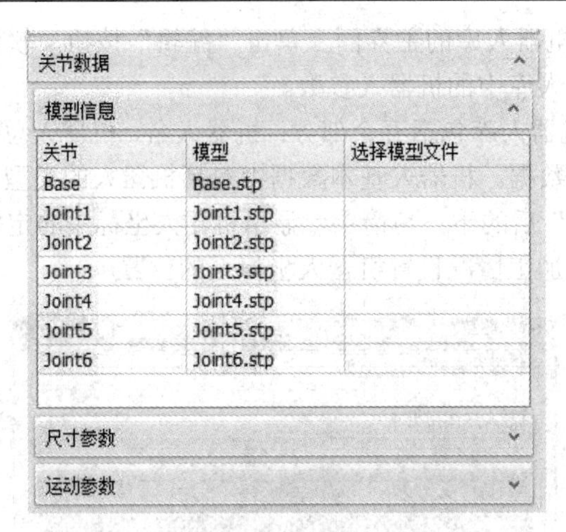

关节数据

模型信息

关节	模型	选择模型文件
Base	Base.stp	
Joint1	Joint1.stp	
Joint2	Joint2.stp	
Joint3	Joint3.stp	
Joint4	Joint4.stp	
Joint5	Joint5.stp	
Joint6	Joint6.stp	

尺寸参数

运动参数

图 4-14　“关节数据”之“模型信息”

“尺寸参数”中显示有机器人各个关节的长度，用户可以根据实际情况进行相应的修改，如图 4-15 所示。

尺寸参数

关节	关节长度
Base	509
Joint1	200
Joint2	0
Joint3	620
Joint4	140
Joint5	713.5
Joint6	132.2

图 4-15　“关节数据”之“尺寸参数”

“运动参数”中显示了各个关节的运动方式、运动方向、最小限位、最大限位和初始位置等信息，用户可以根据实际情况进行相应的修改，如图 4-16 所示。

运动参数

关节	运动方式	运动方向	最小…	最大…	初始…
Base	静止	Z+	0	0	0
Joint1	旋转	Z+	-160	160	0
Joint2	旋转	Y+	-160	0	-90
Joint3	旋转	Y+	60	253	180
Joint4	旋转	X+	-200	200	0
Joint5	旋转	Y+	-110	110	90
Joint6	旋转	Z-	-360	360	0

图 4-16　“关节数据”之“运动参数”

(3) 新建界面。在机器人库主界面上单击“新建”按钮，弹出新建机器人的界面。新建界面与编辑界面的界面功能完全相同，唯一不同的是弹出界面给出的参数都是没有经过设置的空白参数或是默认参数，需要用户根据需要新建机器人的基本信息将参数设置完整。如图 4-17 所示为新建机器人界面。

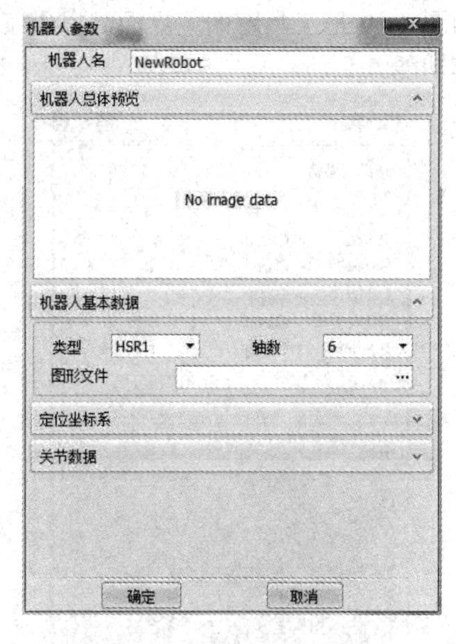

图 4-17　新建机器人界面

(4) 属性界面。导入机器人后，在机器人组节点下生成了对应的机器人节点。在节点上单击右键，在弹出框中单击“属性”，弹出机器人属性界面。如图 4-18 所示，机器人属性界面与编辑机器人的界面基本一致，不同的是机器人属性界面只能修改节点上的机器人参数，不能修改机器人库的对应机器人参数。

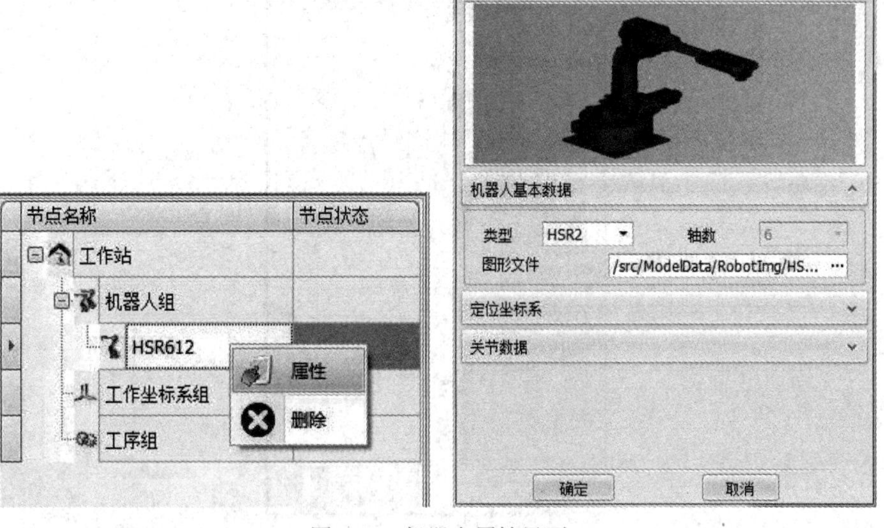

图 4-18　机器人属性界面

3) 工具相关界面

(1) 工具库主界面。InteRobot 机器人离线编程软件提供工具库的相关操作，包括各种型号工具的新建、编辑、存储、导入、预览、删除等功能，实现对工具库的管理，方便用户随时调用所需的工具。如图4-19是工具库的主界面，提供工具基本参数的显示、编辑、新建、删除、预览和导入等功能。

图4-19　工具库主界面

(2) 编辑界面。在工具库主界面上单击“编辑”按钮，软件进入选中工具的编辑界面，如图4-20所示。工具库包括五个部分，工具名、工具预览、TCP位置、TCP姿态、工具定义。TCP姿态显示了工具坐标系的欧拉角。工具定义部分可以选择工件模型，以及选择工具的预览图片。

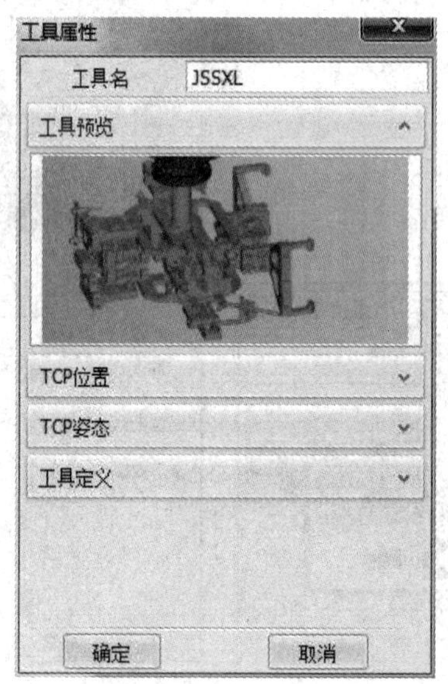

图4-20　编辑界面

如图4-21所示，TCP位置显示了工具坐标系的原点在机器人基坐标系下的X、Y、Z坐标。TCP姿态显示了工具坐标系的欧拉角A、B、C。

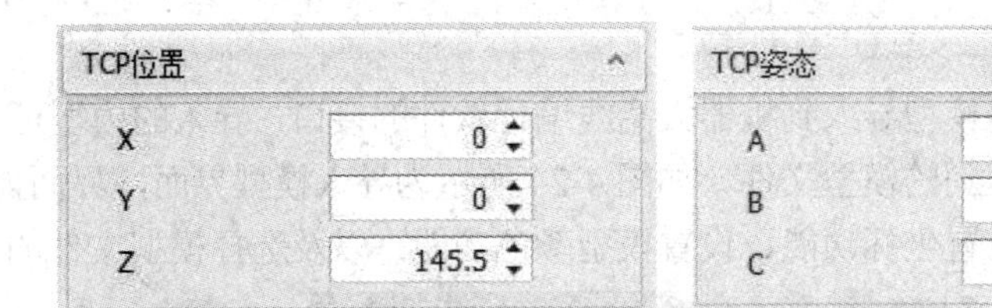

图 4-21　TCP 位置和 TCP 姿态

(3) 新建界面。在工具库主界面上单击“新建”按钮，弹出新建工具的界面。新建界面与编辑界面的界面功能完全相同，唯一不同的是弹出界面中给出的参数都是没有经过设置的空白参数或是默认参数，需要用户根据需要新建工具基本信息，将参数设置完整。如图 4-22 所示为新建工具界面。

图 4-22　新建工具界面

(4) 属性界面。导入工具后，在机器人节点下生成了所选的工具节点。在节点上单击右键，在弹出框中单击“属性”，弹出工具属性界面。如图 4-23 所示，工具属性界面与编辑工具的界面基本一致，不同的是工具属性界面只能修改节点上的工具参数，不能修改工具库的对应工具参数。

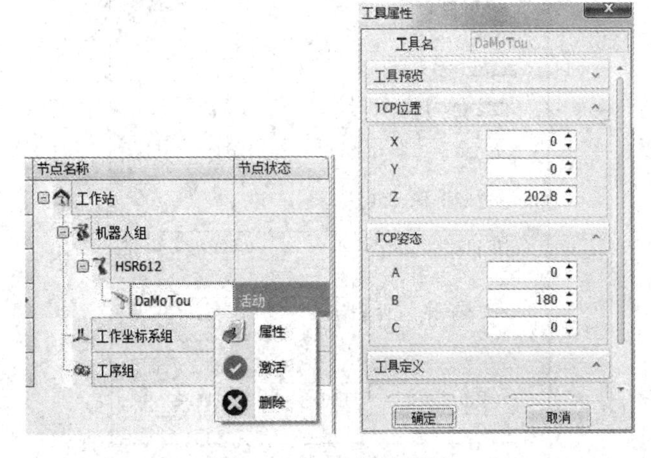

图 4-23　工具属性界面

4) 导入模型界面

导入模型界面提供了将模型导入到机器人离线编程软件的接口，导入的模型可以是工件、机床以及其他加工场景中用到的模型文件。如图 4-24 所示为导入模型界面，界面提供了模型名称命名功能、设置模型位置坐标功能、设置模型颜色功能，以及选择模型文件的功能。

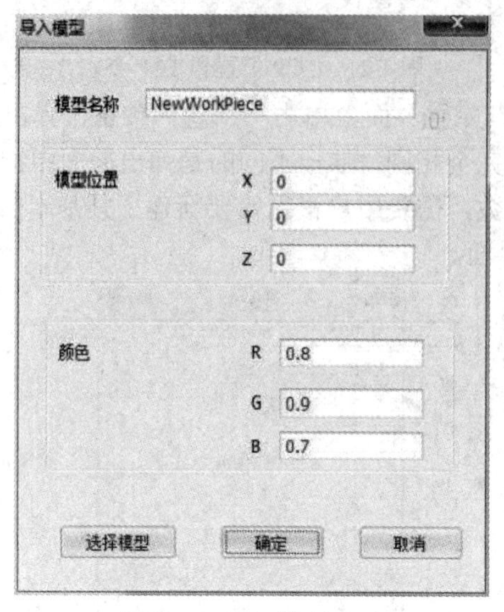

图 4-24　导入模型界面

5) 工作坐标系相关界面

(1) 添加工作坐标系界面。如图 4-25 所示是“添加工作坐标系”界面。界面中主要包括当前机器人选择、坐标系的位置和姿态设置。用户可以通过单击上方的“选取原点”按钮，在视图窗口中选取相应的点，也可以通过编辑框直接设置坐标系原点的位置。坐标系的姿态是通过设置编辑框中的参数实现的，在默认情况下它与基坐标的方向一致。此外，界面还提供了“坐标系名称”设置的接口。

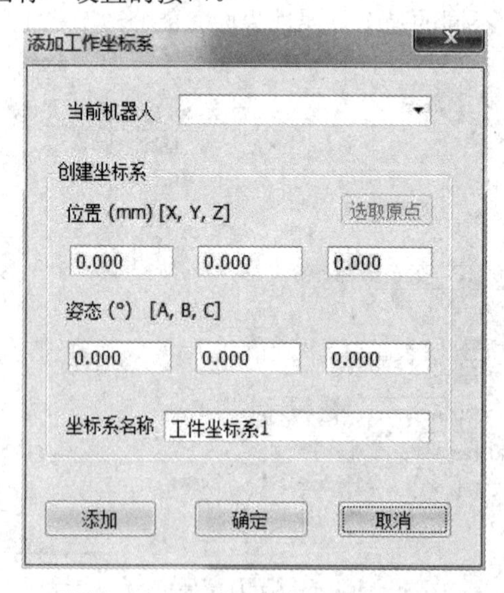

图 4-25　“添加工作坐标系”界面

(2) 工件坐标系属性界面。在工件坐标系节点上单击右键，再选择属性菜单，弹出“工件坐标系属性”界面，在界面中可修改坐标系的位置、姿态和名称，如图 4-26 所示。

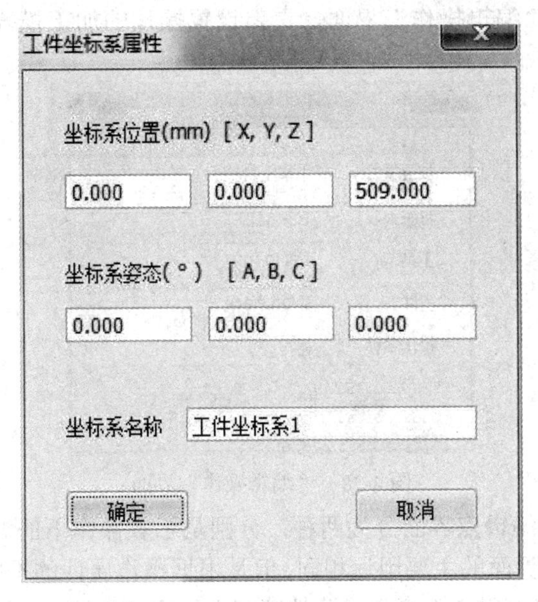

图 4-26　“工件坐标系属性”界面

6) 创建操作界面

创建操作界面中需要对操作类型、加工模式、机器人、工具、工件和操作名称进行设置，如图 4-27 所示。软件提供了三种操作类型：示教操作、离线操作和码垛操作。机器人、工具和工件可从已有的节点中进行选择。

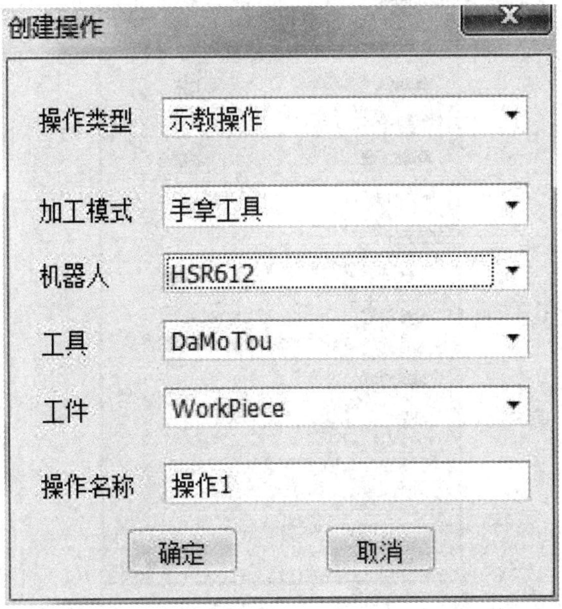

图 4-27　“创建操作”界面

7) 示教操作相关界面

(1) 编辑操作界面。如图 4-28 所示是“编辑操作”界面。若要对已经创建好的操作进行修改，可以打开“编辑操作”界面，重新设置操作的加工模式、机器人、工具、工件及操作名称。

图 4-28　“编辑操作”界面

(2) 编辑点界面。编辑点界面分为两种，分别是示教操作下的编辑点界面和离线操作下的编辑点界面。两个界面的主要用途相同，但是根据操作属性的不同有所区别。如图 4-29 所示为示教操作下的“编辑点”界面。示教编辑点界面包括编号、添加和删除、批量调节等功能。添加和删除菜单下有点添加方式、删除点、删除所有、IO 属性设置、机器人随动等功能。批量调节中可以设置起止点的编号，并批量设置编号内所有点的运行方式、CNT、延时和速度。

图 4-29　示教操作下的“编辑点”界面

(3) 运动仿真界面。运动仿真界面主要是对用户选择的路径进行仿真验证。如图 4-30 所示为“运动仿真”界面，界面主要分为，运动仿真路径选择、坐标系切换、仿真路径所包含的点参数列表、IPC 控制器连接、仿真控制五部分。在运动仿真路径中，用户可以选取需要仿真的路径，列表中出现与选取运动仿真路径相对应的参数信息，包括 X、Y、Z、RX、RY、RZ。单击列表中的行，机器人可以直接运动到相应的位置上。坐标系切换部分中有两个功能。“基于坐标系”功能表示点位信息在世界坐标系上不变，切换点在不同坐标系中的表示方法。“切换工作坐标系”功能表示保持点在坐标系中的相对位置不变，变化点在世界坐标系中的位姿。在 IPC 控制器连接部分，勾选“IPC 控制器插补”，将控制器与电脑连接好后，单击“加载程序到 IPC”按钮，可将仿真中的点位信息的程序上传到控制器，此时单击“仿真”按钮则加工现场的机器人依据程序进行运动。仿真控制包括上方的仿真速度控制进度条，中间的控制按钮又包括复位、暂停、快退、播放、快进，其下方是仿真进度控制条。

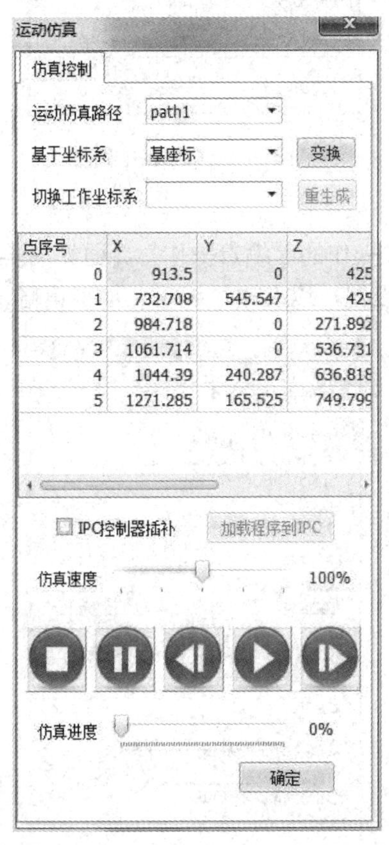

图 4-30　“运动仿真”界面

(4) 代码输出界面。如图 4-31 所示为代码输出界面。界面的上部为路径列表，显示的是当前所有操作的详细信息，用户可以选择输出所需操作的代码；中间有输出控制代码类型的选择，包括实轴和虚轴两个选项。在坐标系的选择中用户可以设置输出代码的信息基于的工件坐标系，不选择的时候表示基于机器人坐标系。在路径选择中用户可选择代码保存的路径并命名。单击“输出控制代码”按钮即可实现机器人控制代码的输出。同时，界面提供了阅读控制代码的功能，用户可以直接打开生成的代码，对代码进行浏览。

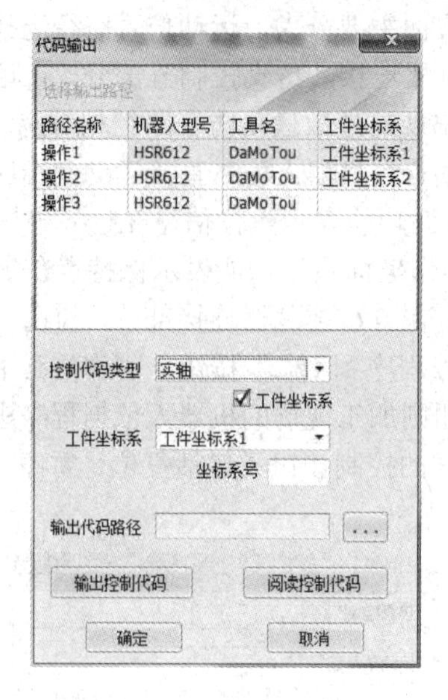

图 4-31　代码输出界面

8) 离线操作相关界面

(1) 编辑操作界面。离线操作的“编辑操作”界面如图 4-32 所示，界面中包括操作名称、工具、工件、磨削点的设置，以及路径编辑、加工策略、后置处理等功能。

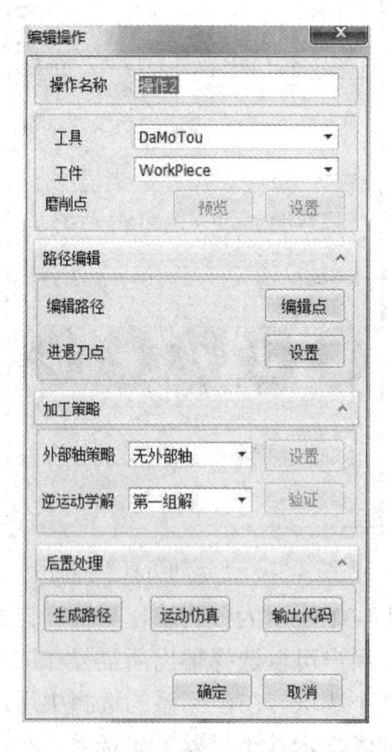

图 4-32　离线操作的“编辑操作”界面

在手拿工件模式下可以设置磨削点参数。单击磨削点后的“设置”按钮，弹出磨削点定义界面。如图 4-33 所示，磨削点定义包括位置和姿态两部分。

图 4-33　“磨削点定义”界面

单击进退刀点的“设置”按钮，弹出如图 4-34 所示的“进退刀设置”界面。在离线操作模式下，用户可以对选中的操作进行进退刀的设置，设置内容包括偏移量、进刀点或退刀点的设置。

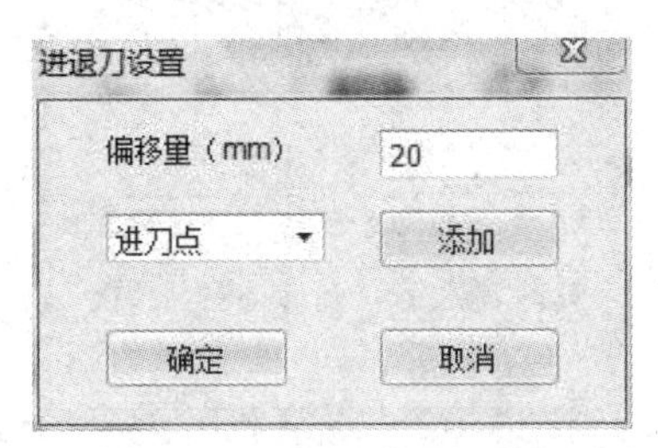

图 4-34　“进退刀设置”界面

(2) 路径添加界面。打开“路径添加”界面，如图 4-35 所示。界面包括路径名称、路径编程方式和路径的添加、可见或隐藏。其中路径编程方式有三种：自动路径、手动路径、刀位文件。

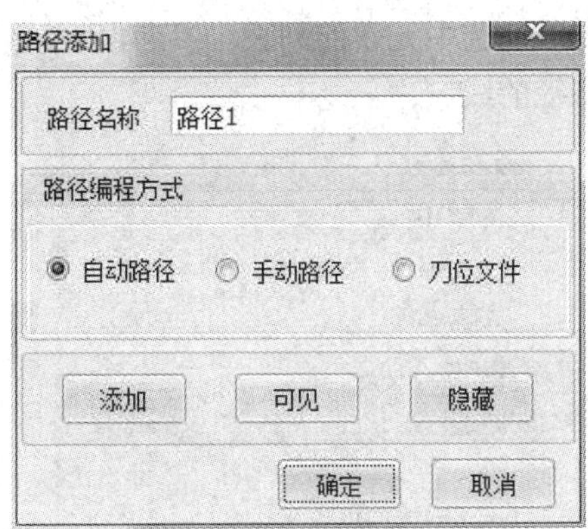

图 4-35　“路径添加”界面

(3) 自动路径添加界面。自动路径添加界面需要重点讲解自动路径主界面和选取线元素界面。

① 自动路径主界面。自动路径主界面由四部分组成，包括驱动元素、离散参数设置、加工方向设置、自动路径列表。驱动元素设置提供了两种自动路径的生成方式：通过面和通过线。离散参数设置提供弦高误差和最大步长的设置，如果采用通过面方式，需要进行

路径条数和路径类型设置。加工方向设置包括曲面外侧选择和方向选择。自动路径列表显示了每条自动路径的对象号、离线状态、材料侧和方向信息，还提供了列表的基本操作，如新建、删除、上移、下移、全选等功能，如图 4-36 所示。

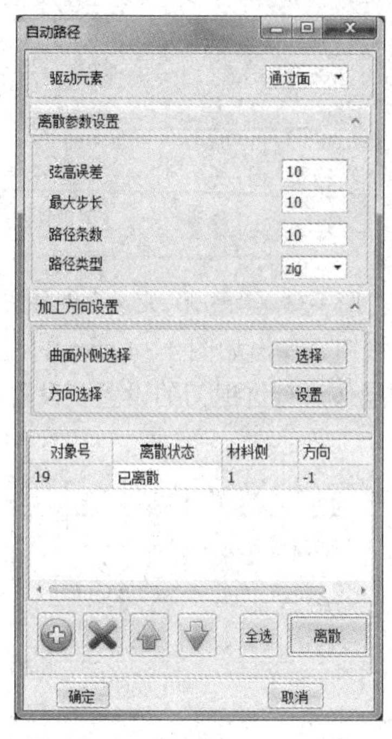

图 4-36　“自动路径”主界面

② 选取线元素界面。在自动路径主界面中选择通过线的方式添加路径就会弹出“选取线元素”界面，该界面提供了三种选择线的方式，分别是直接选取、平面截取、等参数线。

如图 4-37 所示为用户选中直接选取方式时的界面，界面分为元素产生方式的选取、参考面的选取、线元素的选取以及选中元素的列表。参考面表示线所在的平面，线元素的选取就是选择用户想要生成路径的线。

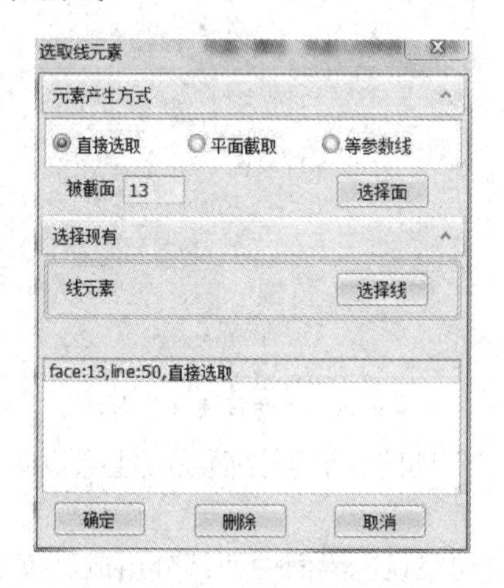

图 4-37　“选取线元素”之“直接选取”

如图 4-38 所示为用户选择“平面截取”方式时的界面，界面分为元素产生方式的选取、参考面的选取、截面通过点的选取、截面法向的选取以及选中元素的列表。参考面指的是被截取的平面。截平面的参数在用户选取后还可以通过设置下拉框的数值进行调整。

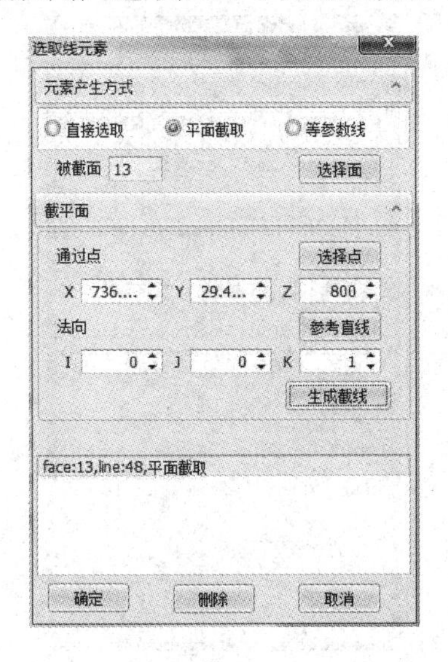

图 4-38　“选取线元素”之“平面截取”

如图 4-39 所示为用户选择“等参数线”方式时的界面，界面分为元素产生方式的选取、参考面的选取、等参数线的选取以及选中元素的列表。参考面指的是被截取的平面。等参数线的参考方向使用户可以选择 U 向或者 V 向，用户可以根据实际需要将参数值设置为 0 到 1。

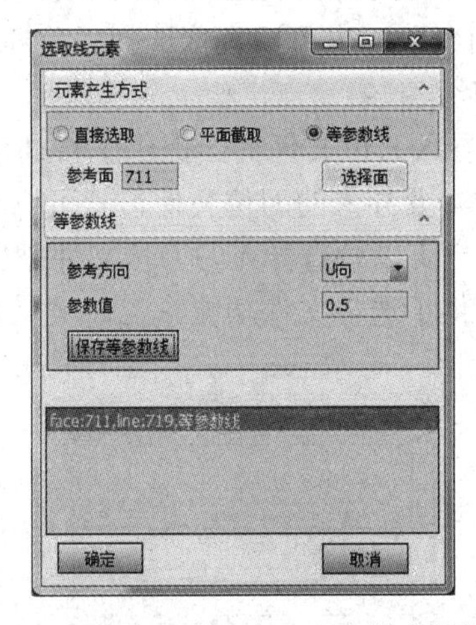

图 4-39　“选取线元素”之“等参数线”

(4) 手动路径添加界面。手动路径添加界面支持用户手动选择点添加到加工路径中。如图 4-40 所示为“手动路径”添加界面，界面主要包括点列表、点击生成、参数生成、调整姿态四部分。

点列表中显示了已经添加点的详细信息，包括 X、Y、Z 坐标等信息，并有列表的基本操作，如添加、删除、上移、下移。

“点击生成”中提供了单击生成点的三种方式：点、线、面。点表示用鼠标直接选取视图中的点添加到路径中。线表示用鼠标在线上选取一点添加到路径中。面表示用鼠标在面上选取一点添加到路径中。

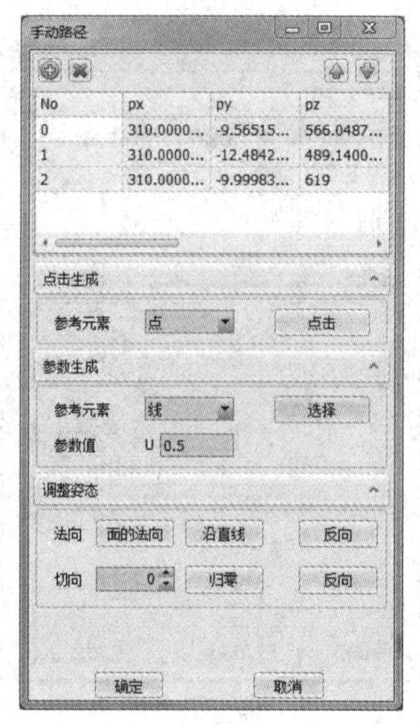

图 4-40　“手动路径”添加界面

“参数生成”提供了两种参数生成方式，分别是线和面。线指的是通过设置线的 U 参数，在选取的线的对应参数处生成点并添加到加工路径中。面指的是通过设置面的 U、V 参数，在选取的面的对应参数处生成点并添加到加工路径中。

“调整姿态”提供了法向与切向几种调整方式。通过法向可以调整至跟选择面的法向一致或者是跟选择直线的方向一致，也可以直接选择“反向”。通过切向可以任意调整切向的角度，也可以选择“反向”。

(5) 导入刀位文件界面。导入刀位文件界面提供了将外部刀位文件导入到机器人离线编程软件的接口。用户只需选中要导入的刀位文件，就可以将刀位文件的数据导入进来。该界面还提供了预览功能，用户可以检查导入的刀位文件是否正确。如图 4-41 所示为“导入刀位文件”界面，界面中提供了选择文件功能、工件坐标系设置、副法矢参考点设置以及预览功能。

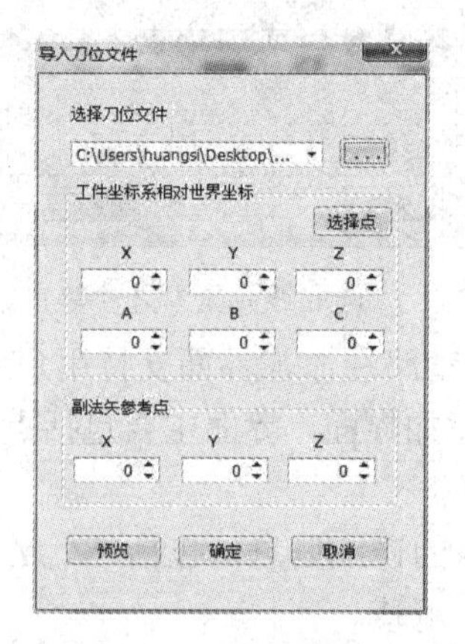

图 4-41　“导入刀位文件”界面

(6) 编辑点界面。如图 4-42 所示为离线操作下的“编辑点”界面。离线“编辑点”界面包括点序号、添加和删除、调整点位姿和批量调节等功能。“添加和删除”菜单下有点添加方式、删除点、删除所有、IO 属性设置、机器人随动等功能。“调整点位姿”包括调整幅度，点的坐标 X、Y、Z，欧拉角 A、B、C 等的设置。在“批量调节”中可以设置起止点的编号，并批量设置编号内所有点的转角、压力值、运行方式、CNT、延时和速度。

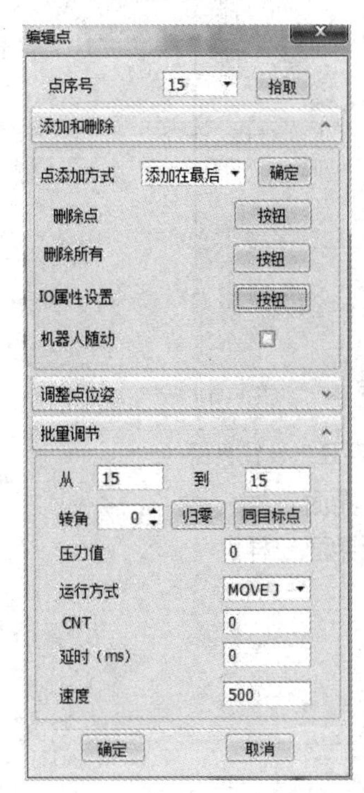

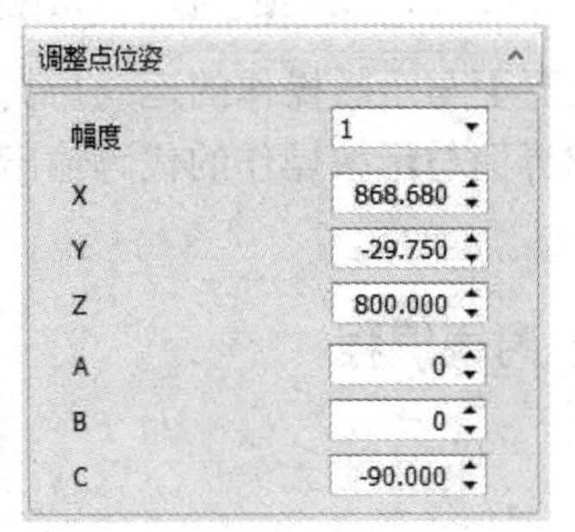

图 4-42　离线“编辑点”界面

单击“IO 属性设置”后的“按钮”可以打开“IO 属性设置”界面，界面中有 IO 属性的编辑框和属性设置在点之前还是点之后的设置勾选框，如图 4-43 所示。

图 4-43　“IO 属性设置”界面

(7) 运动仿真界面与示教操作的运动仿真界面一样。

(8) 代码输出界面与示教操作的代码输出界面一样。

9) 码垛操作相关界面

(1) 编辑路径界面。“码垛路径”设置界面如图 4-44 所示。编辑路径功能分为三个部分：操作名称的编辑、当前点序号切换和示教路径设置。其中，示教路径功能中包括对当前点添加方式、IO 属性、工具名称、工件及工件状态的设置，后置处理中包括运动仿真和输出代码。

图 4-44 “码垛路径”设置界面

(2) 运动仿真界面与示教操作的运动仿真界面一样。

(3) 代码输出界面与示教操作的代码输出界面一样。

技能训练 离线编程

一、实训目的

(1) 会启用离线编程软件。

(2) 能使用离线编程软件进行示教操作。

(3) 能使用离线编程软件进行离线操作。

(4) 能使用离线编程软件进行码垛操作。

二、实训器材

装有 InteRobot 机器人离线编程软件的电脑、加密锁等。

三、实训注意事项

(1) 现场操作安全保护符合安全操作规程，正确佩戴安全防护用具，符合安全操作工业机器人要求。

(2) 工具摆放整齐、示教器放置在正确位置。

(3) 台面无残留线头、螺丝、接线端子等物品，爱惜设备和器材，保持工位的整洁。

(4) 工业机器人停止位置为零点位置，不要超出台面。

四、实训操作

1. 机器人库功能

1) 导入机器人

启动 InteRobot 机器人离线编程软件，选择机器人离线编程模块，进入模块后，左边出现导航树，选择工作站导航树。工作站导航树上默认有工作站根节点及其三个子节点(机器人组、工作坐标系组、工序组)。用户用鼠标左键单击机器人组节点，选中该节点，“机器人库”菜单就会变为可用状态。然后单击菜单栏中的“机器人库”菜单，如图 4-45 所示。单击机器人库菜单后，弹出机器人库主界面。

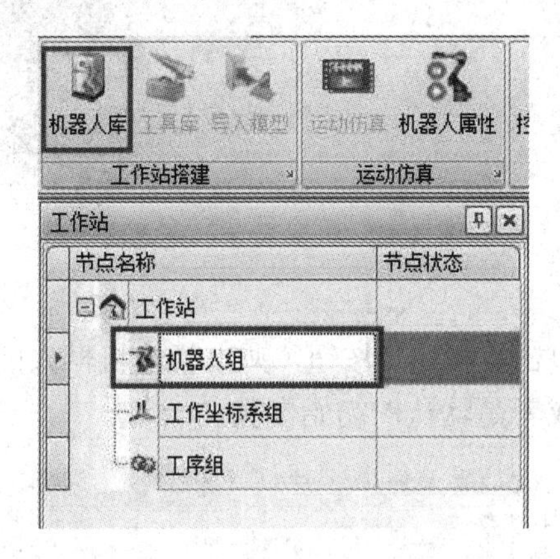

图 4-45　机器人库主界面

在弹出的机器人库主界面上，列表中显示了所有在库的机器人参数，用户选择实际需要的机器人，在机器人预览窗口中会显示相对应的机器人的图片，单击下面的“导入”按钮，即可实现机器人的导入功能，如图 4-46 所示。

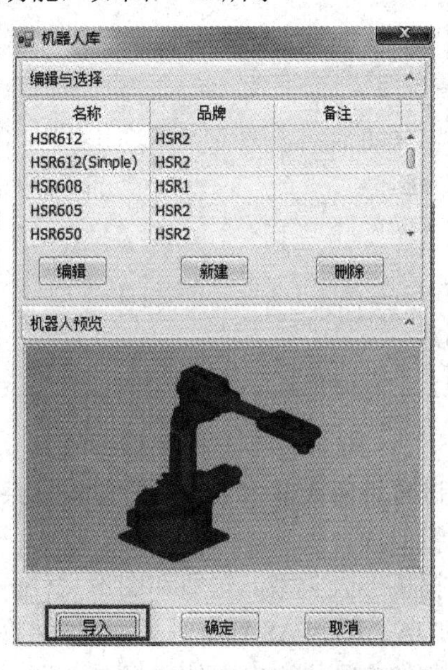

图 4-46　机器人导入操作

机器人导入完成后，视图窗口中将出现用户选中的机器人的模型。在工作站导航树中机器人组节点下创建了机器人的节点，与用户选中的机器人名称一致。这样机器人的所有参数信息就导入到了当前工程文件中，如图 4-47 所示。

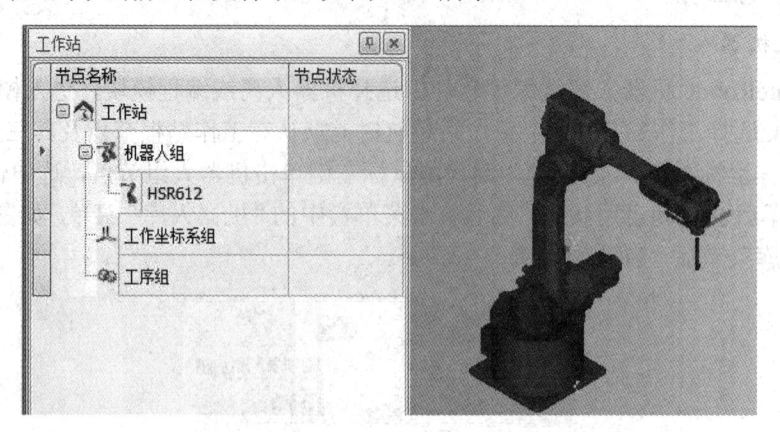

图 4-47　机器人导入完成后

2) 新建机器人

在机器人库主界面中单击“新建”按钮，弹出新建机器人的界面，如图 4-48 所示。界面的所有参数都是空白的或者是默认的初始参数。

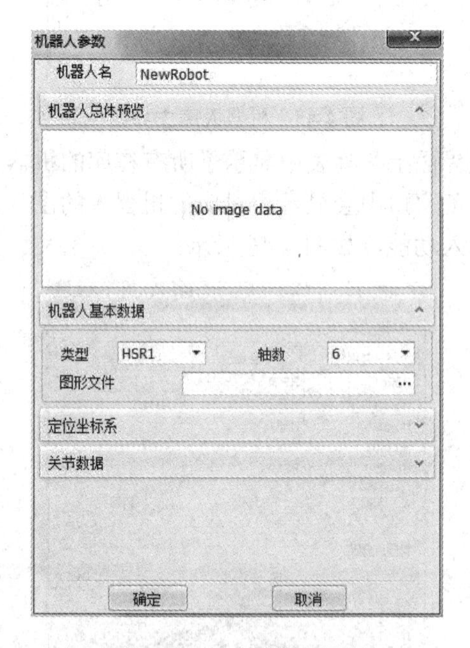

图 4-48　新建机器人界面

在该界面中，用户需要设置机器人基本数据、定位坐标系和关节数据。其中机器人基本数据和关节数据是必须设置的项。

机器人基本数据设置包括机器人类型、轴数和图形文件。“类型”可以设置为 HSR1、HSR2、ABB、KUKA、FANUA、KAWASAKI 等类型。“轴数”目前只支持六轴机器人的创建。单击“图形文件”后的省略号，弹出文件选择对话框，选中预览图片，在预览窗口中就会将图显示出来，如图 4-49 所示。

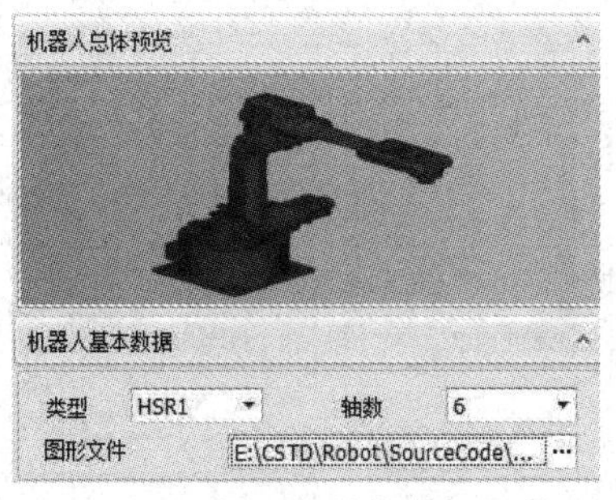

图 4-49 机器人基本数据设置

关节数据设置中包括三部分：模型信息、尺寸参数、运动参数。展开“模型信息”折叠栏，如图 4-50 所示是未进行模型信息设置的初始状态。单击每个关节对应的选择模型文件一栏处，弹出模型文件选择框，选择好每个关节所对应的模型文件。导入的关节模型文件的基坐标必须是同一个，即各个关节的空间相对位置是提前调整好的。

关节数据

模型信息

关节	模型	选择模型文件
Base	未选择	
Joint1	未选择	
Joint2	未选择	
Joint3	未选择	
Joint4	未选择	
Joint5	未选择	
Joint6	未选择	

尺寸参数

运动参数

图 4-50 模型信息设置前

在选择关节模型后，系统会将对应的关节模型导入到视图界面中。当所有关节模型导入完成后，视图界面中会显示组装好的机器人整体模型，用户可以根据视图检查各个关节模型导入是否正确。如图 4-51 所示为机器人模型信息设置完成后的参数界面和视图界面。

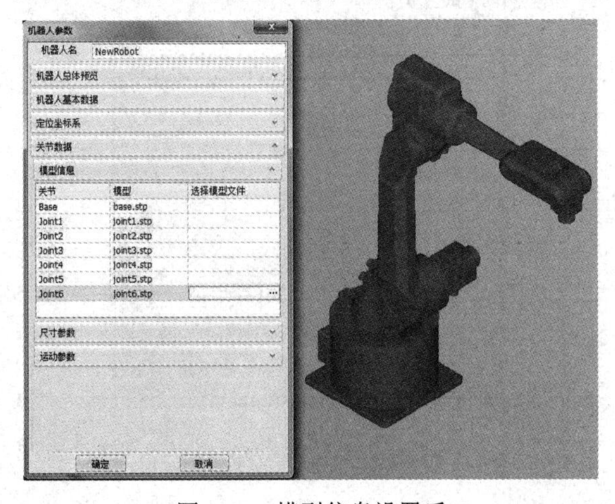

图 4-51 模型信息设置后

展开尺寸参数折叠栏，可以设置各个关节的长度。如图 4-52 所示为设置完关节长度的状态。

尺寸参数

关节	关节长度
Base	509
Joint1	200
Joint2	0
Joint3	620
Joint4	140
Joint5	713.5
Joint6	132.2

图 4-52　设置“尺寸参数”

展开运动参数折叠栏，需要设置机器人各个关节的运动方式、运动方向、最小限位、最大限位、初始位置。“运动方式”有静止、旋转、平移三种方式。“运动方向”有 X +、X -、Y +、Y -、Z +、Z -。“初始位置”表示各个关节处于视图中姿态时对应的各个关节的实轴角度。如图 4-53 所示是设置好的机器人运动参数。

运动参数

关节	运动方式	运动方向	最小...	最大...	初始位置
Base	静止	Z+	0	0	0
Joint1	旋转	Z+	-160	160	0
Joint2	旋转	Y+	-160	0	-90
Joint3	旋转	Y+	60	253	180
Joint4	旋转	X+	-200	200	0
Joint5	旋转	Y+	-110	110	90
Joint6	旋转	Z-	-360	360	0

图 4-53　设置“运动参数”

当所有参数设置好后，单击“确定”按钮，新建机器人就完成了。如图 4-54 所示，当新建完成后，机器人库主界面的列表中即出现该新建的机器人。

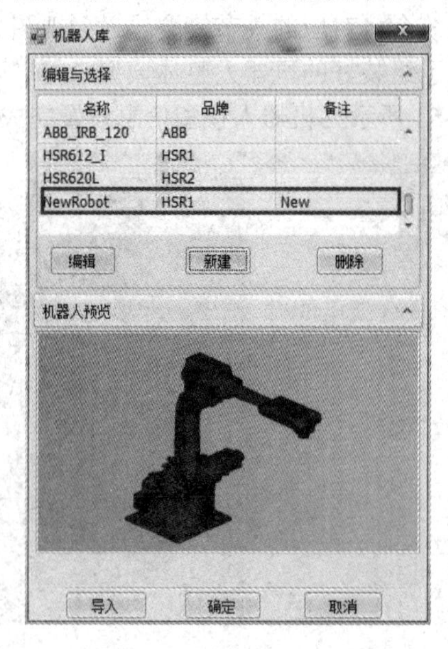

图 4-54　新建机器人完成后

3) 编辑机器人

用户需要对已经存在机器人库的机器人进行修改时，可在机器人库主界面单击“编辑”按钮，打开“机器人参数”界面，对库中机器人参数进行修改，如图 4-55 所示。该界面的构成跟新建机器人的完全一致，不同的是编辑机器人打开时参数都是当前机器人设置好的参数。用户在界面中可以将需要修改的参数重新设置，然后单击“确定”按钮即可。

图 4-55　“机器人参数”界面

2. 工具库功能

1) 导入工具

工具的导入跟机器人的导入类似，不同的是，工具导入前必须已经导入了机器人，工具是依附于机器人而存在的。在工作站导航树中，用户用鼠标左键单击已经导入的机器人节点，选中该节点，菜单栏的工具库菜单变为可用状态，然后单击菜单栏中的“工具库”菜单。如图 4-56 所示，单击工具库菜单后会弹出工具库主界面。

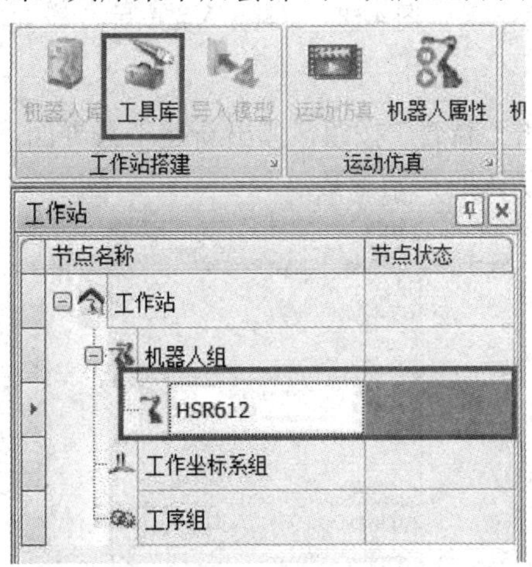

图 4-56　工具库主界面

弹出工具库主界面后，界面上列表中显示了所有在库的工具参数，用户可选择实际需要的工具。在工具预览窗口中会显示相对应的机器人图片，单击下面的“导入”按钮，即可实现工具的导入，如图 4-57 所示。

图 4-57　工具导入操作

工具导入完成后，视图窗口出现用户选中的工具模型。当用户对工具参数设置正确时，该工具会自动装到对应机器人第六轴的末端。工作站导航树中，在机器人节点下创建了工具的节点，与用户选中的工具名称一致，这样工具的所有参数信息就导入到了当前工程文件中，如图 4-58 所示。

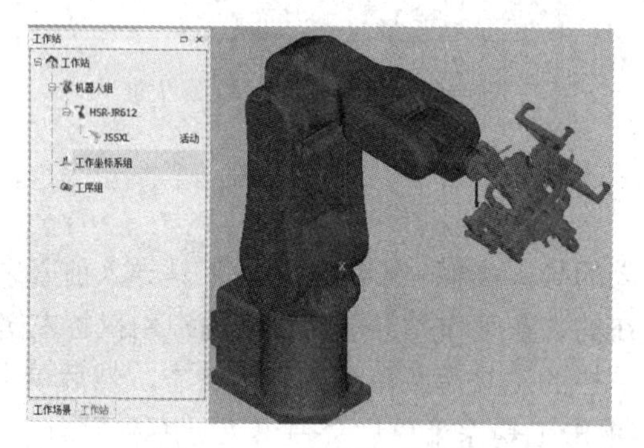

图 4-58　工具导入完成后

2) 新建工具

在工具库主界面中单击“新建”按钮，弹出新建工具界面，如图 4-59 所示。界面的所有参数都是空白的或者是默认的初始参数。

图 4-59　新建工具界面

在新建工具界面中，用户需要设置工具的“TCP位置”、“TCP姿态”和进行“工具定义”中的模型和图像的选择。如图4-60所示，“TCP位置”包括X、Y、Z坐标的设置，“TCP姿态”包括欧拉角A、B、C。用户将数值输入编辑框即可。

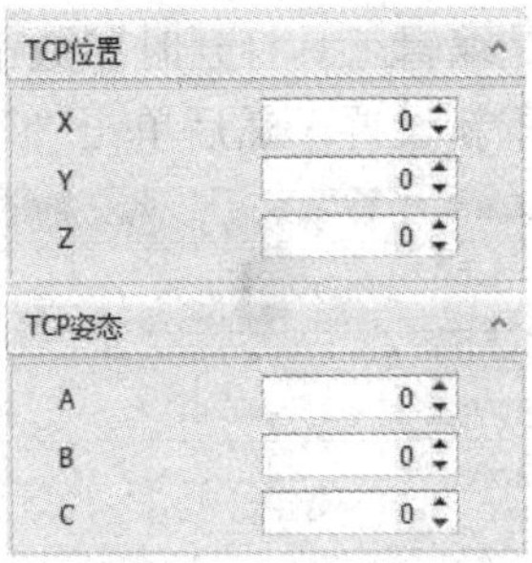

TCP位置
X 0
Y 0
Z 0
TCP姿态
A 0
B 0
C 0

图4-60　“TCP位置”和“TCP姿态”设置

在“工具定义”中，单击“选择模型”按钮，即弹出模型文件的选择框，选中模型文件后，视图界面中会出现用户选择的工具模型。单击“选择图像”按钮，弹出图像文件的选择框，选中文件后，“工具预览”中会出现该工具的预览图片。如图4-61所示是设置好参数后的状态。

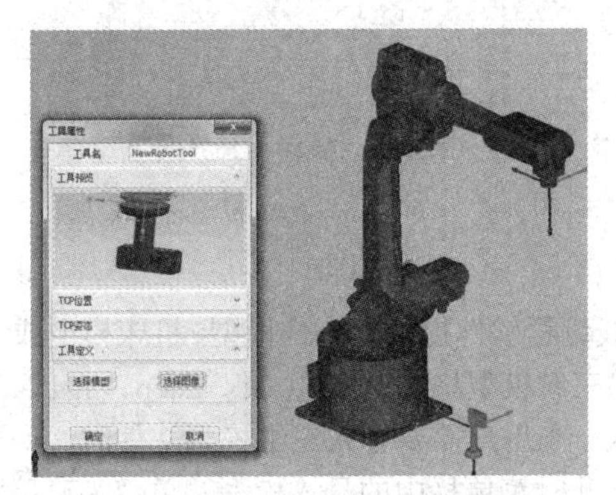

图4-61　工具属性设置

当所有参数设置好后单击“确定”按钮，新建工具就完成了。如图4-62所示，新建完成后，工具库主界面的列表中即出现该新建的工具。

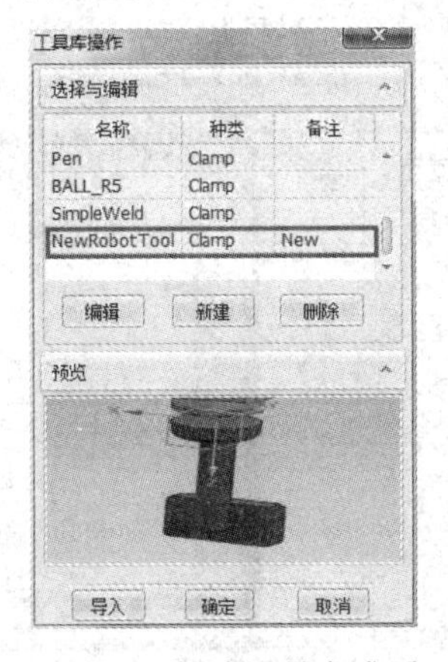

图4-62　新建工具完成后

3) 编辑工具

用户需要对已经存在于工具库的工具进行修改时，可在工具库主界面中单击“编辑”按钮，打开工具编辑界面，进而对库中工具的参数进行修改，如图 4-63 所示。该界面的构成跟新建工具完全一致，不同的是编辑工具打开时参数都是当前工具设置好的参数。在界面中用户可以将需要修改的参数重新设置，然后单击“确定”按钮即可。

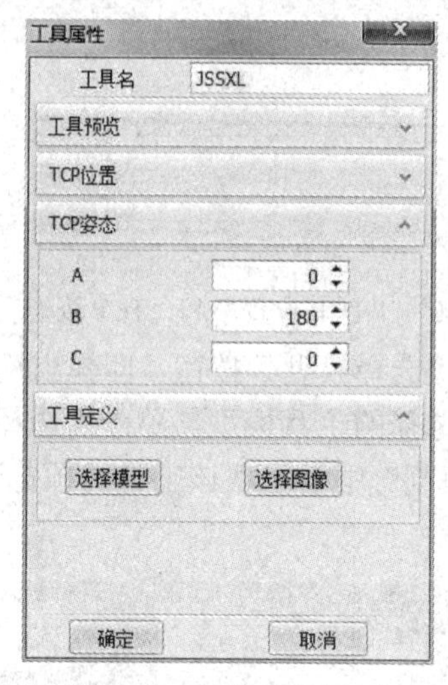

图 4-63　编辑工具界面

3. 模型功能

1) 导入模型

InteRobot 机器人离线编程软件提供将工件模型、机床模型或者其他三维模型导入到工程文件中的功能，支持的三维模型格式有.stp、.stl、.step、.igs 四种标准格式，暂不支持其他格式的三维模型的导入。当用户需要导入三维模型文件时，将导航栏切换至工作场景导航树，选中工件组节点，此时菜单栏中的导入模型菜单变为可用状态，单击“导入模型”菜单，直接弹出“导入模型”界面，如图 4-64 所示。用户也可以在工件组节点上单击右键选择导入模型。

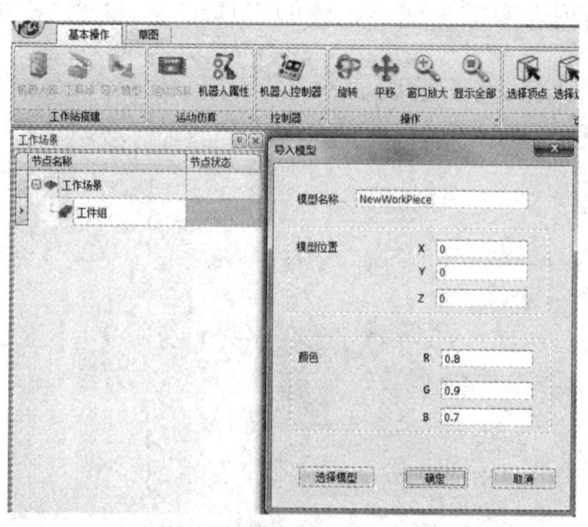

图 4-64　“导入模型”界面

如图 4-64 显示，在没有导入工件前，“工作场景”导航树中只有一个“工作场景”根节点，在该节点下有“工件组”一个子节点。在“导入模型”界面中设置导入模型的位置、名称及颜色，单击“选择模型”按钮，在文件对话框中选择要导入的模型文件，单击“确定”按钮，就实现了模型的导入功能。导入后，视图中出现选中的模型文件三维模型，并且在工作场景导航树中的“工件组”节点下创建了以该工件为名字的子节点，如图 4-65 所示。

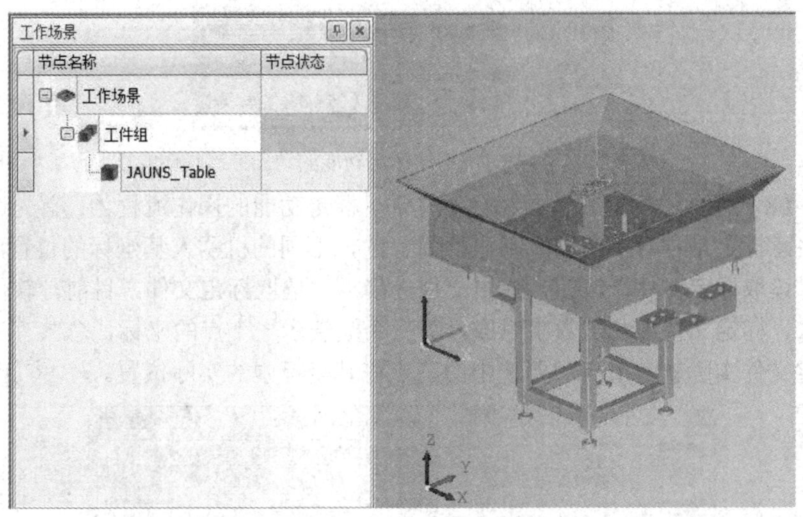

图 4-65　导入模型后

InteRobot 机器人离线编程软件支持多个模型的导入功能。重复之前的导入操作，用户可以继续导入其他模型到工程中。如图 4-66 所示，导入了两个模型文件，视图中显示两个模型，在“工作场景”导航树中的“工件组”节点下有两个模型的子节点。多个模型的导入依此类推。

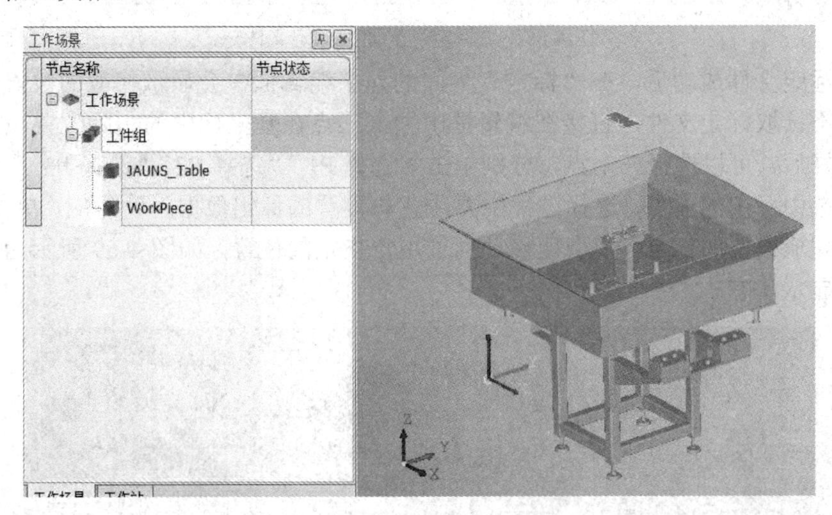

图 4-66　多个模型的导入

2) 模型标定

直接导入的模型可能不在正确的位置上，此时需要使用标定的功能将模型移动到正确的位置，以便进行正确的后续操作。在需要标定位置的模型节点上单击右键，在弹出的快捷菜单中选择“工件标定”菜单，如图 4-67 所示，弹出工件标定界面。

图 4-67　工件标定功能的调出

如图 4-68 所示为“标定”界面和标定文件。标定功能的操作流程为：首先选取标定机器人，需注意标定是相对于机器人基坐标而言的，不同的机器人基坐标的位置可能不同；然后单击“读取标定文件”按钮，弹出文件选择框，选取标定文件。目前，软件采用的是三点标定法，标定文件由九个数字组成，每三个数表示一个点的坐标，总共有三个点的坐标值。标定文件实际就是用户想要选中的三点在基坐标中的实际位置。

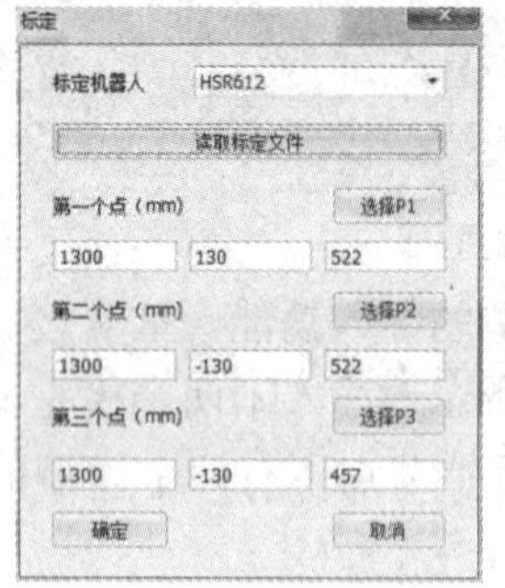

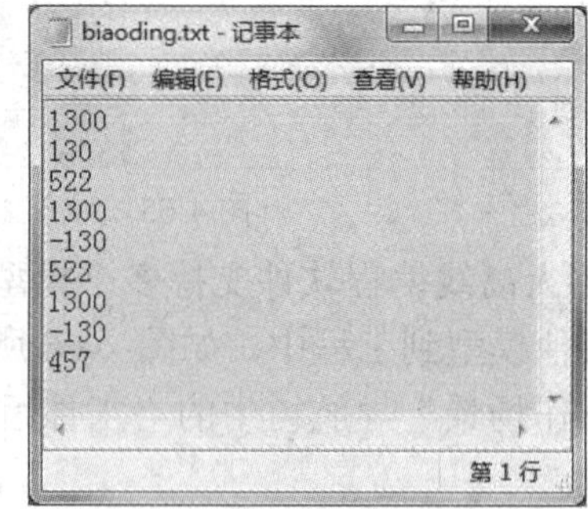

图 4-68　“标定”界面和标定文件

读取标定文件成功后，在“标定”界面的九个编辑框中会显示相应的数值。用户也可以选择不读取标定文件，直接在编辑框中输入三点在基坐标中的实际位置。标定后的位置设置好后，可以选择三个点，分别单击“选择 P1”“选择 P2”“选择 P3”三个按钮，在视图中选中标定的三点，选择过程中要注意与设置的标定数据一一对应。单击“确定”按钮即可完成模型的标定，模型便移动到了用户指定的位置，如图 4-69 所示为标定前后视图中的显示状态。

图 4-69　标定前后视图中的显示状态

4. 添加工作坐标系功能

InteRobot 机器人离线编程软件支持用户在工程文件中添加坐标系的功能，添加的坐标系在后续的操作中可以使用。如图 4-70 所示，在“工作站”导航树中，用鼠标左键选中工作坐标系组后再单击右键，出现“添加工作坐标系”菜单，单击该菜单，弹出“添加工作坐标系”界面。

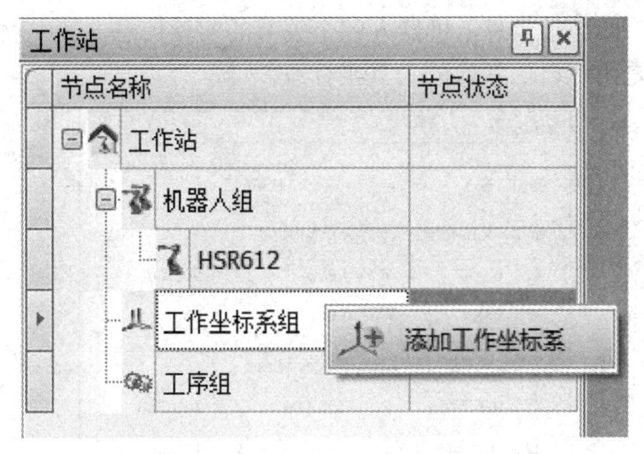

图 4-70　调出添加工作坐标系界面

如图 4-71 所示为“添加工作坐标系”界面，默认的坐标系原点是(0，0，0)。坐标姿态与基坐标一致。用户先选择当前机器人，可以单击左上角的“选择原点”按钮，然后用鼠标从视图中选中某一点作为坐标系的原点，也可以修改编辑框中对应的 X、Y、Z 数值来改变坐标系的位置。坐标系姿态可以通过 A、B、C 三个编辑框中的参数进行设置。

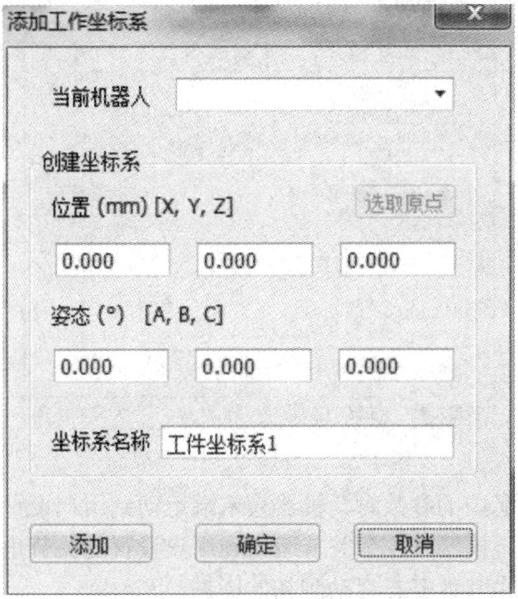

图 4-71　“添加工作坐标系”界面

单击“确定”按钮后，添加坐标系成功。视图窗口中会出现坐标，并在“工作站”导航树的“工作坐标系”组节点下产生以该坐标系命名的子节点。

5. 机器人属性栏功能

机器人属性栏中提供了对已经导入到工程文件中的机器人进行姿态控制的功能。当用户修改界面参数时，机器人跟随动作，功能类似于示教器。如图 4-72 所示是“机器人属性”界面。用户首先在“当前机器人”下拉框中选择需要控制的机器人，选中机器人后，界面会显示出当前机器人的信息，包括：基坐标系相对于世界坐标系的位姿；工具坐标系相对于基坐标系的位姿，即虚轴信息；机器人各个关节的实轴信息。其中虚轴信息中可以选择是相对于基坐标还是用户自己新建的工具坐标系。

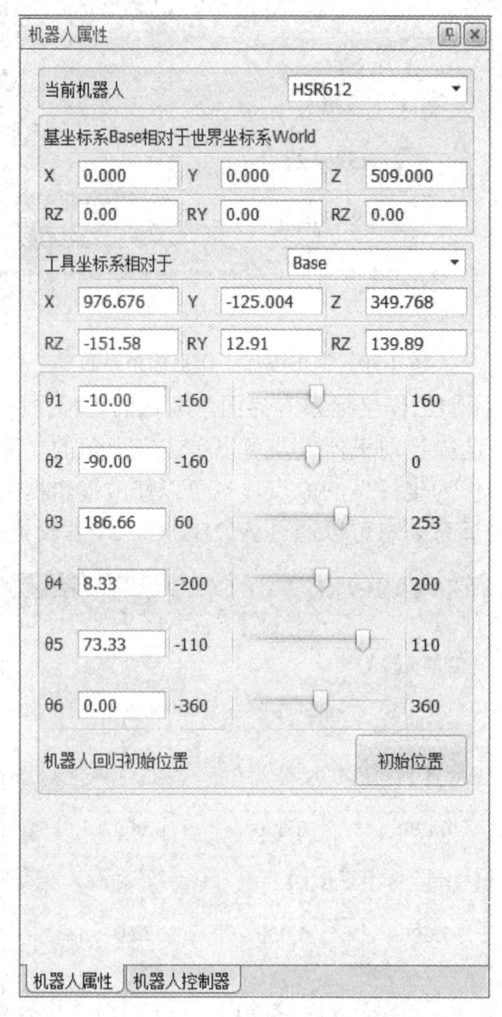

图 4-72　“机器人属性”界面

当用户修改虚轴信息中的参数时，机器人末端运动到用户设置的位姿处。当用户修改各个关节的实轴信息时，机器人各个关节运动到用户设置的关节角度。机器人回到初始位置的按钮可以使机器人由其他姿态运动到初始姿态。

6. 示教操作

1) 创建示教操作

InteRobot 机器人离线编程软件提供示教功能的路径规划，以及相应的运动仿真、机器人代码的输出功能。在本软件中，所有有关示教的功能都是建立在示教操作的基础之上的，所以在进行示教路径规划和运动仿真前，必须创建示教操作。

在进行示教路径规划和仿真前，用户需先导入机器人、工具、工件或者工作台等。

根据前面章节的步骤，先将要导入的部分导入到工程文件，并将工件标定到正确的位置，做好创建示教操作的准备工作。

做好示教准备后，在工作站导航树上的工序组节点上单击右键，选择“创建操作”菜单，弹出“创建操作”界面。如图 4-73 所示是创建示教操作前视图与“工作站”导航树的显示情况。

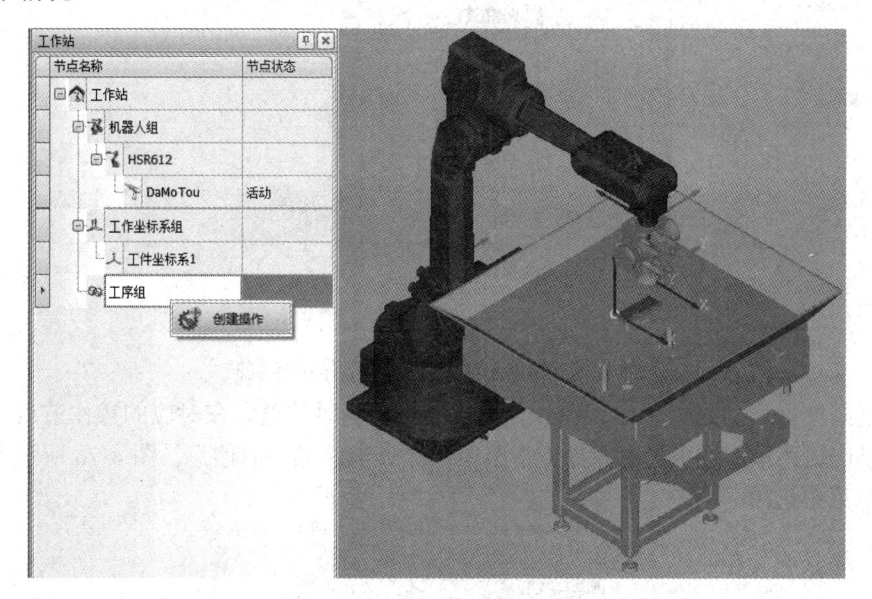

图 4-73　创建示教操作准备工作

在弹出的“创建操作”界面中，选择创建“示教操作”，根据实际需要选择加工模式，机器人、工具、工件是提前导入到工程中的，用户选择好对应的名称，对操作进行命名，单击“确定”按钮就完成了示教操作的创建。如图 4-74 所示是创建示教操作的界面。

创建操作

操作类型　示教操作

加工模式　手拿工具

机器人　HSR612

工具　DaMoTou

工件　DMT_stp

操作名称　操作1

确定　取消

图 4-74　“创建示教操作”界面

创建示教操作完成后，在“工作站”导航树上的工序组节点之下会产生一个示教操作的节点，名称与操作名称一致，这样就表示该操作的信息加载到了工程文件中。如图 4-75 所示为创建示教操作后的“工作站”导航树。

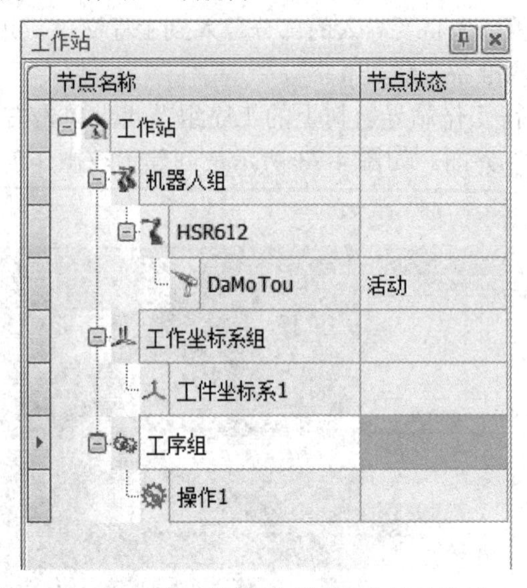

图 4-75　创建示教操作后的工作站导航树

创建好的操作信息如果出现错误，用户还可以随时修改。在对应的操作节点上单击右键，弹出快捷菜单，选中“编辑操作”菜单，弹出当前操作的信息。图 4-76 所示为示教操作的右键菜单选项。

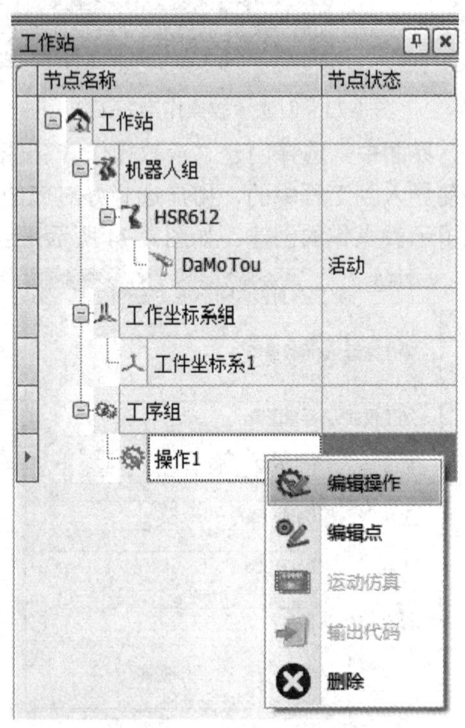

图 4-76　示教操作的右键菜单

编辑操作界面的内容与创建操作相似，只是不能改变操作的本质属性。创建的示教操作不能修改为离线操作，其他参数如加工模式、机器人、工具、工件、操作名称都可以重新设置，如图4-77所示。

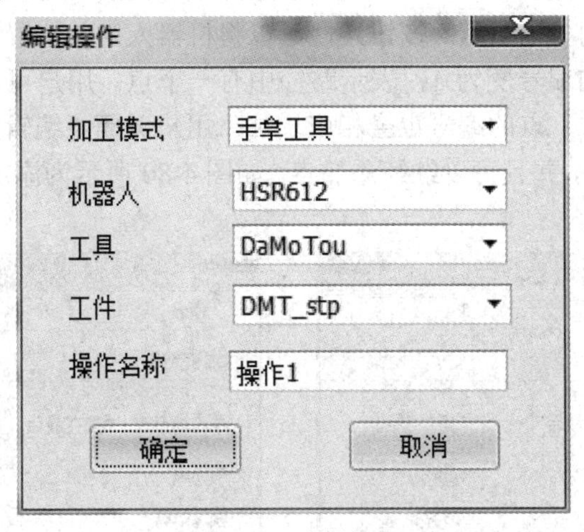

图4-77　编辑操作

2) 添加示教路径

添加示教操作后，可以在示教操作上添加路径点，形成示教加工路径。在示教操作上单击右键，在快捷菜单中选择“编辑点”，如图4-78所示。

图4-78　调出“编辑点”

在没有添加点的情况下，点的编号是 0，表示路径中没有点，如图 4-79 所示。

用户可通过调整右边的机器人属性栏中机器人的当前位置参数来调整机器人的姿态。将机器人姿态调整到合适姿态后，如果用户想添加该点为加工时机器人的路径点，可以单击“编辑点”界面中的“记录点”按钮，便可以将机器人当前位置记录到加工路径中，此时“编辑点”界面上的编号变为 1，表示路径中有一个点。用户可以依次类推，将所有的点都添加到加工路径中，点的编号也会相应增加。用户关闭“编辑点”界面后，再次打开界面，这些点依然存在，并且可以继续添加点。如图 4-80 所示为添加一个点后的“编辑点”界面。

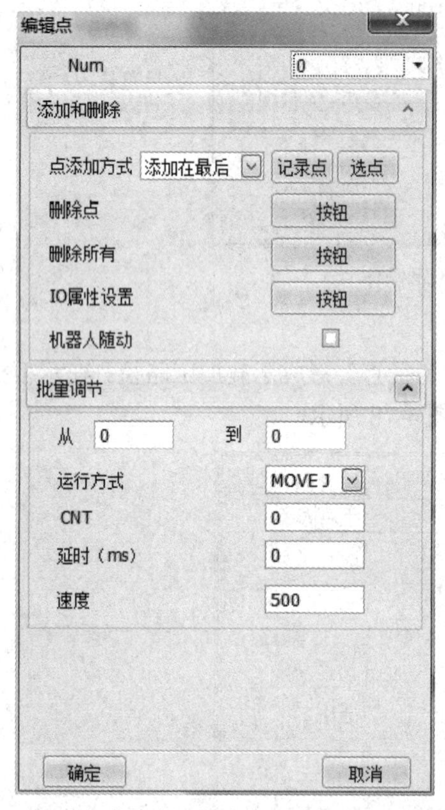

图 4-79　路径中没有添加点的“编辑点”界面

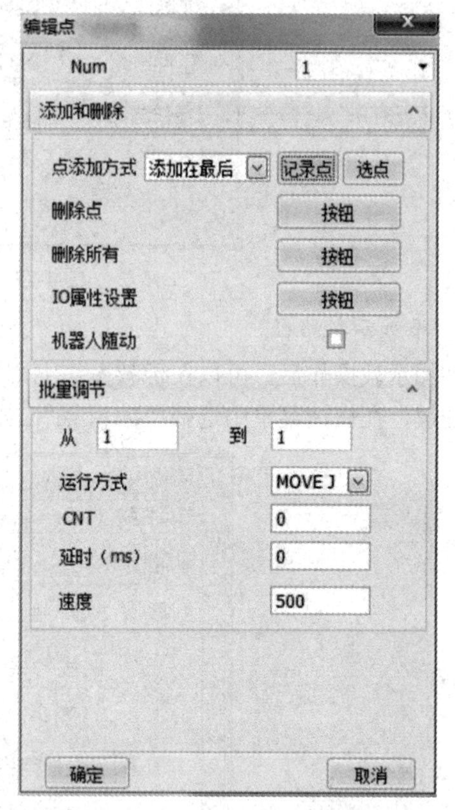

图 4-80　添加一个点后的“编辑点”界面

在实际加工中，用户可能需要机器人运动到某些特殊的点位上，这时通过调节机器人的姿态很难精确达到该点，在“编辑点”界面中单击“选点”按钮，将机器人直接定位至某一个特殊的点。用户单击“选点”按钮后，在视图窗口中选中该点，机器人立即到达指定位置，用户可直接单击“记录点”按钮将该点位姿记录到加工路径中，也可在对该姿态进行调整后再单击“记录点”按钮，将该点位姿记录到加工路径中。

3) 示教编辑点功能

在“编辑点”界面中，除了选点添加到加工路径中，还有一些与添加路径相关的其他功能。

“IO 属性设置”功能提供了用户进行 IO 属性设置的接口。用户单击“IO 属性设置”后的“按钮”，弹出相应界面，在界面中输入需要设置的 IO 信息，选择在点之前输出 IO

信号或是在点之后输出IO信号，确定后，在后续输出的机器人代码中，该IO信号就会根据用户的设置进行相应的输出。

用户勾选“机器人随动”功能后，不用进行运动仿真就可以让机器人运动到对应的点位上。用户通过切换Num中的点数，选择不同的点，机器人就运动到不同的位置上。

“批量调节”功能指的是对从起点编号到终点编号的所有点的属性一起调整，例如设置编号1到编号2的点“运行方式”是“MOVE J，CNT为0，延时为0，速度为500”，如图4-81所示。

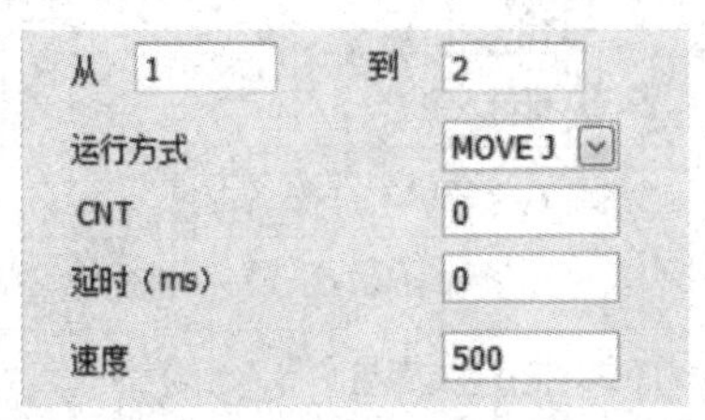

图4-81　批量调节功能

7. 离线操作

1) 创建离线操作

InteRobot机器人离线编程软件提供离线功能的路径规划，以及相应的运动仿真、机器人代码的输出功能。在本软件中，所有有关离线的功能都是建立在离线操作的基础之上的，所以进行离线路径规划和运动仿真前，必须创建离线操作。在进行离线路径规划和仿真前，用户需先导入机器人、工具、工件或者工作台等。根据前面章节的步骤，先将要导入的部分导入到工程文件，并将工件标定到正确的位置，做好创建离线操作的准备工作。

做好离线操作准备工作后，在“工作站”导航树的“工序组”节点上单击右键，选择“创建操作”，弹出创建操作界面。如图4-82所示是创建离线操作前视图与“工作站”导航树的显示情况。

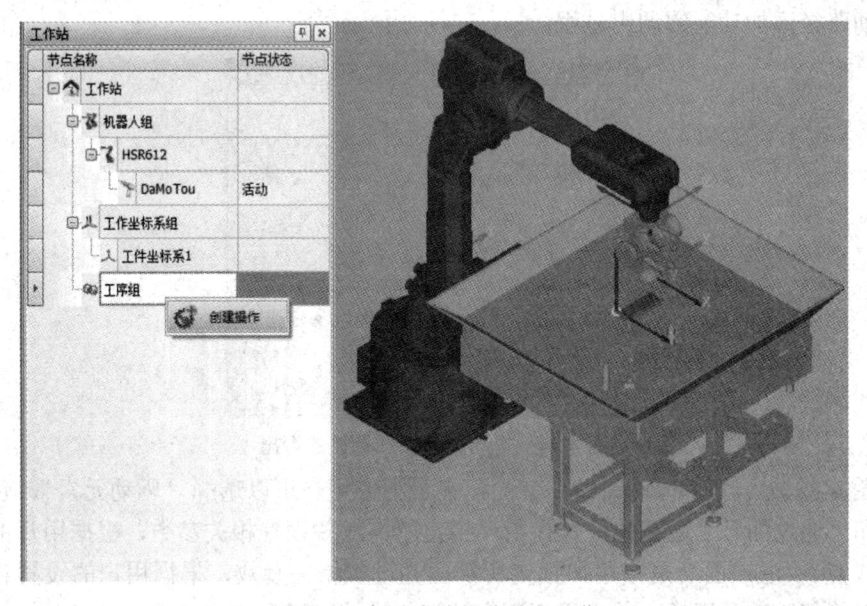

图4-82　创建离线操作准备工作

创建离线操作的流程跟示教操作是一样的，用户可以参考示教操作的创建步骤来创建离线操作。创建离线操作完成后，在“工作站”导航树的“工序组”节点下会产生一个离线操作的节点，名称跟操作名称一致，这样该操作的信息就加载到了工程文件中。如图 4-83 所示为创建离线操作后的“工作站”导航树。

图 4-83　创建离线操作后的“工作站”导航树

2) 自动路径添加

自动路径添加也是用户给离线操作添加路径的方式之一。自动路径添加指的是用户通过选择需要加工的面或者线，将选中的面或者线通过一定的方式离散成点，再将点添加到加工路径中的方式。加工的路径点是批量添加到加工路径中的。

用户若想要在离线操作中实现自动路径添加，可以先在左边的导航树上选中离线操作，在该节点上单击右键，选中“路径添加”，即可弹出“路径添加”界面。如图 4-84 所示为自动路径添加功能的调出过程。

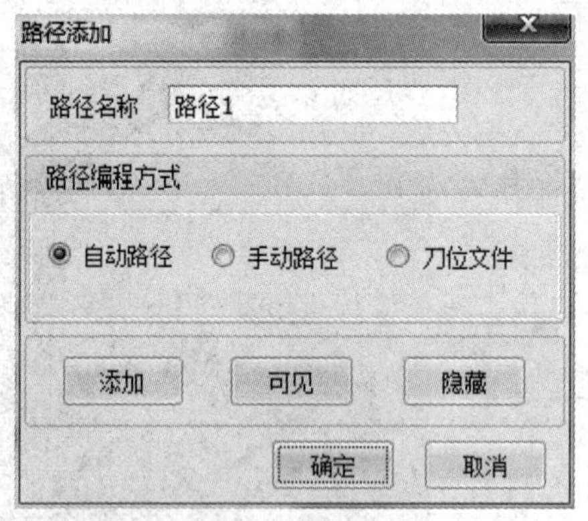

图 4-84　自动路径添加功能的调出

如图 4-85 所示为“自动路径”界面，在最上方用户可以选择“驱动元素”，包括“通过线”和“通过面”。“通过线”是指用户指定所需线并设置相关参数，根据用户的设置将线离散成点。“通过面”是指用户指定所需面并设置相关参数，根据用户的设置将面离散成点。选择好驱动元素后，单击界面下方的添加按钮可以向列表中添加新数据。

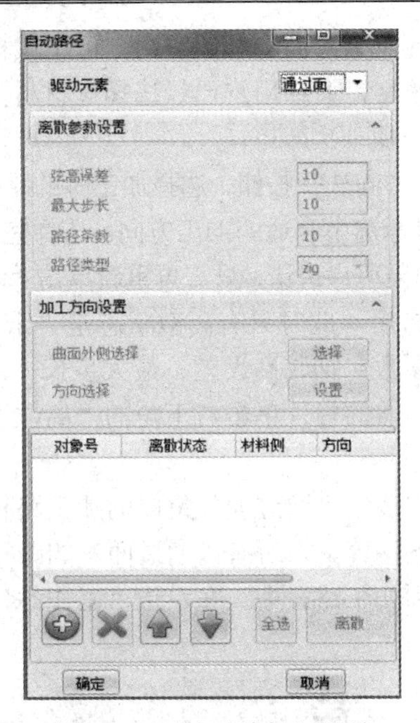

图 4-85　“自动路径”界面

(1) 通过面。若用户选择“通过面”方式，单击添加按钮后，列表中出现一条记录，用户在视图中选择所需面，此时对象号显示为选中面。如图 4-86 所示为用户添加一条“通过面”的记录。此时，列表中的离散状态为“未离散”，材料侧为“未选择”，方向为“未选择”。

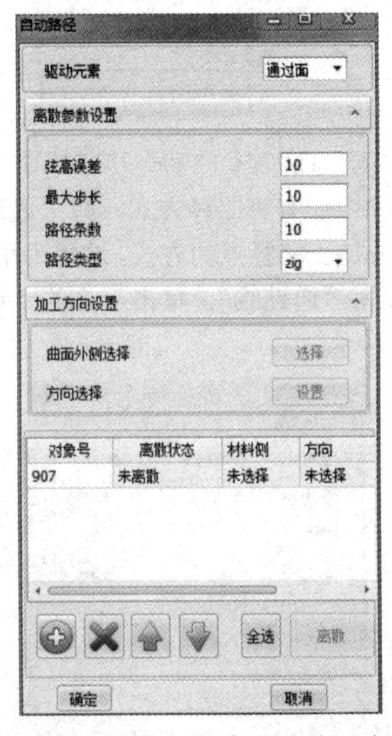

图 4-86　自动路径“通过面”添加一条记录

添加路径记录后，在列表中选中该行，单击曲面外侧选择按钮，用户选择加工时工具所在的一侧。在视图中会出现两个方向选择线，用户可用鼠标选中合适的材料侧。选择完成后，列表中显示材料侧为数字，表示用户已经选择过材料侧了。如果用户选错，只需再重新单击“选择”按钮，再选择一次即可。

在列表中选中该行，单击方向选择按钮，选择加工时的路径运动方向。在视图中会出现八个方向选择线，用户可用鼠标选中合适的加工方向。选择完成后，列表中方向为数字，表示用户已经选择过方向了。如果用户选错，只需再重新单击“设置”按钮，再选择一次即可。

完成材料侧和方向的选择后，此时只有离散状态是“未离散”。在离散前要进行离散参数的设置，面生成的离散参数包括弦高误差、最大步长、路径条数、路径类型的设置。设置好后，在列表中选中要离散的行，单击右下角的“离散”按钮。此时视图中显示离散后得到的路径点。

依次类推，用户可以添加多条“通过面”生成的加工路径，在列表下方有列表操作按钮，如添加、删除、上移、下移等。当所有“通过面”的路径添加完毕后，用户可以单击“确定”按钮将所有点添加到加工路径中。在左边“工作站”导航树增加了路径的节点信息，如图 4-87 所示。

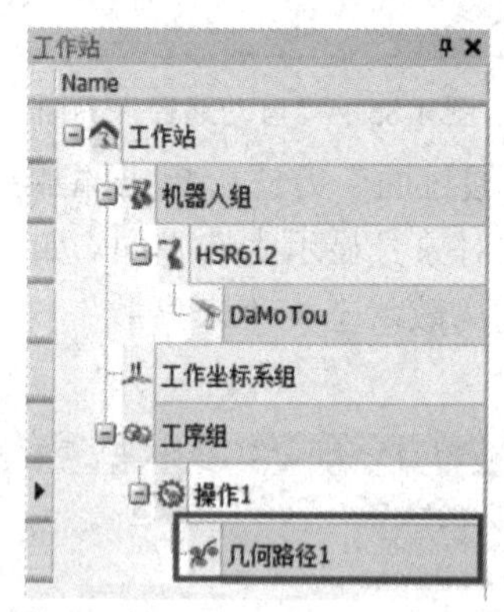

图 4-87　自动路径添加后增加的路径节点

(2) 通过线。自动路径添加中还有第二种方式，即“通过线”方式，指的是用户选择所需线，将选中的线进行离散成加工路径点的方式。这里为用户提供了多种选择线的方式。在自动路径界面将驱动元素改为“通过线”，单击下方的“添加”按钮，弹出“选取线元素”界面，如图 4-88 所示。

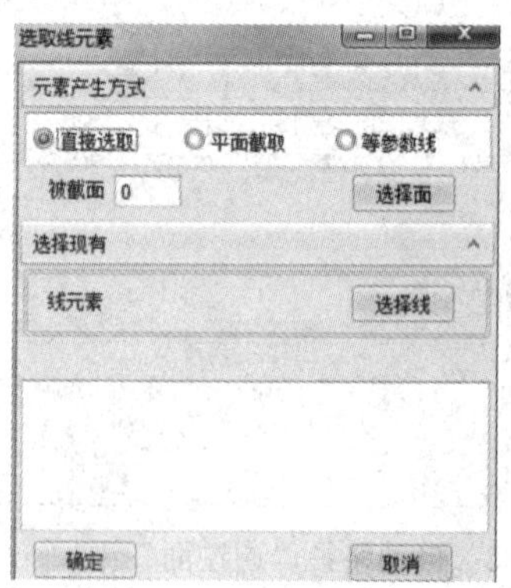

图 4-88　“选取线元素”界面

"选取线元素"界面为用户提供了三种选择线的方式，包括直接选取、平面截取、等参数线。用户先单击"选择面"按钮，选择线所在的面，再单击"选择线"按钮，选中相应面上的线。选取完成后，在列表中会多一行记录，如图4-89所示。依次类推，用户可以多次进行直接选取。

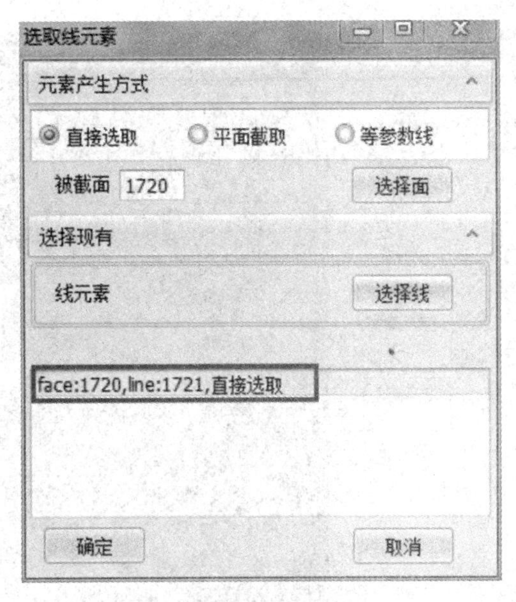

图4-89　直接选取线

选取"平面截取"方式时，用户单击"选择面"按钮，在视图中选取"被截面"。"被截面"被选中后，相应编辑框中出现该面的编号，并且截平面栏变为可用状态。如图4-90所示为用户选择"被截面"后的视图状态。

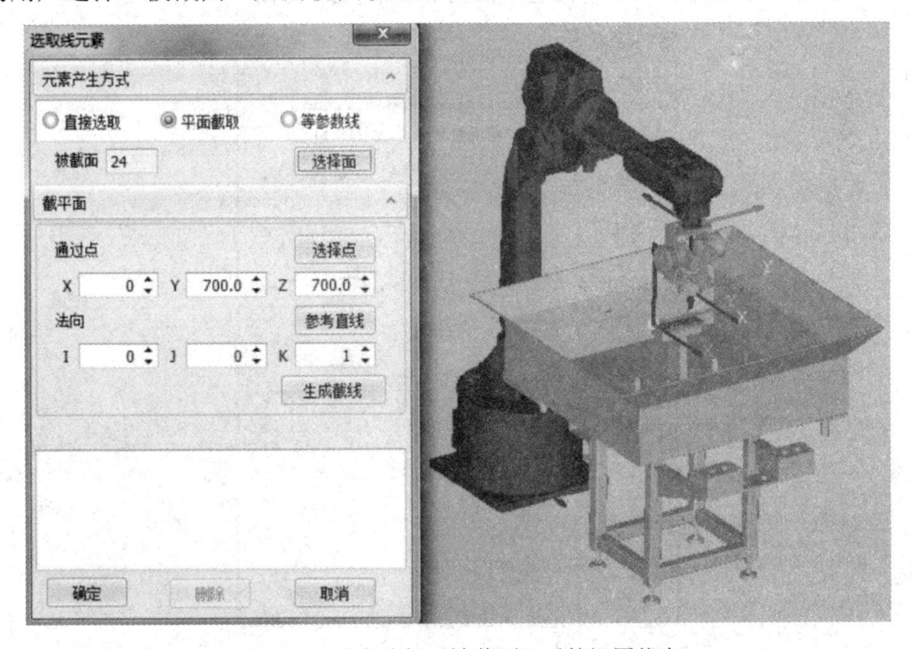

图4-90　用户选择"被截面"后的视图状态

单击截平面栏中的“选择点”按钮，再在视图中选中某点，可以让截平面通过该点。单击“参考直线”按钮，可以选定截平面的法向。通过这两个功能，用户可将截平面从默认状态修改至实际所需状态。如图 4-91 所示为用户修改截平面后的视图状态，图中框出的线段即为截线。

选取线元素
元素产生方式
直接选取
平面截取
等参数线
被截面
24
选择面
截平面
通过点
选择点
X
927....
Y
-57.4...
Z
833....
法向
参考直线
I
0
J
1
K
0
生成截线
face:24,line:115,平面截取
确定
删除
取消

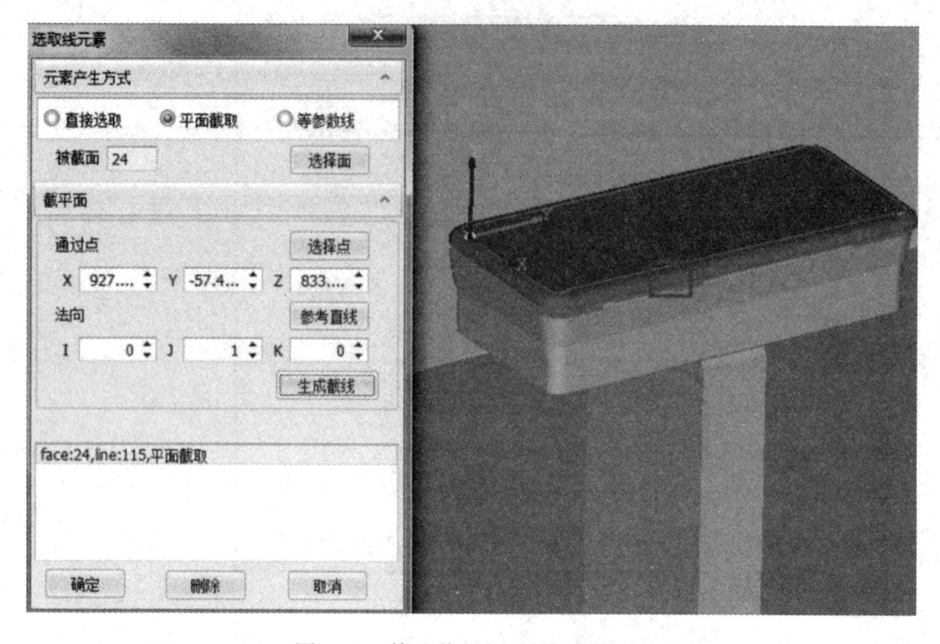

图 4-91　修改截平面后的视图状态

单击“生成截线”按钮，将设置好的截线保存至列表中，列表中出现一行线的记录。选取“等参数线”方式时，用户界面也会发生相应变化，如图 4-92 所示。

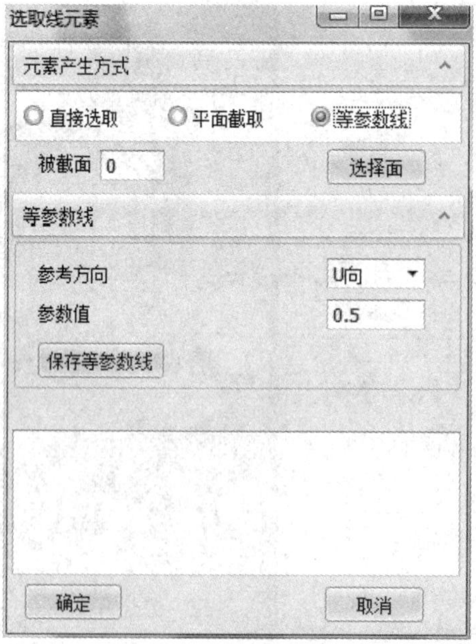

选取线元素
元素产生方式
直接选取
平面截取
等参数线
被截面
0
选择面
等参数线
参考方向
U向
参数值
0.5
保存等参数线
确定
取消

图 4-92　“等参数线”方式

直接选取、平面截取、等参数线三个方式用户可以随意切换使用，并且可以在列表中添加不同方式的线。如图 4-93 所示添加了四种不同方式的线。单击“确定”按钮后，则在自动路径界面中添加四条路径记录。

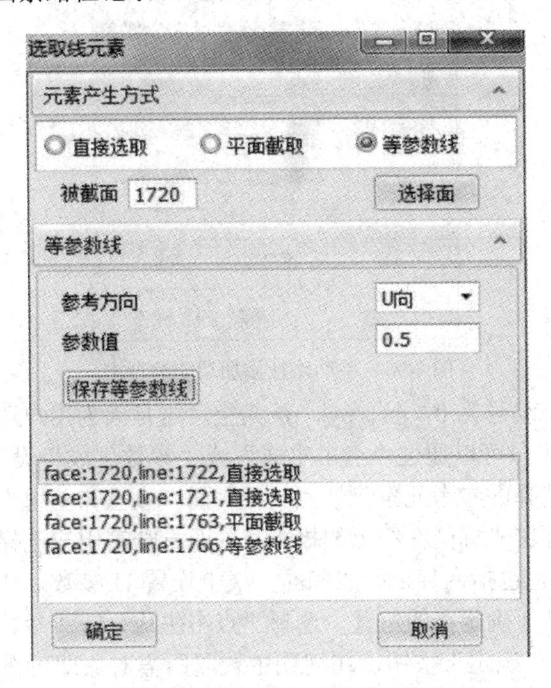

图 4-93　添加四种不同方式的线

与“通过面”类似，添加上的路径记录只有对象号，离线状态、材料侧、方向都是未设置状态。在列表中选中该行，单击曲面外侧选择按钮，选择加工时工具所在的一侧。与“通过面”的操作完全一样，在视图中会出现两个方向选择线，用户可用鼠标选中合适的材料侧。选择完成后，列表中显示材料侧为数字，即表示用户已经选择过材料侧了。在列表中选中该行，单击方向选择按钮，选择加工时的路径运动方向。在视图中会出现两个方向选择线，用鼠标选中合适的加工方向。选择完成后，列表中方向为数字，即表示用户已经选择完成方向；若用户选错，只需重新单击设置按钮，再选择一次即可。

完成材料侧和方向的选择后，此时只有离散状态是“未离散”。在离散前要进行离散参数的设置，面生成的离散参数包括弦高误差、最大步长两个参数的设置。设置好后，在列表中选中要离散的行，单击右下角的“离散”按钮，此时视图中显示离散后得到的路径点。

依次类推，用户可以添加多条通过面生成的加工路径，在列表下方有列表操作按钮，如添加、删除、上移、下移等。当所有“通过线”的路径添加完毕后，用户可以单击“确定”按钮将所有点添加到加工路径中。此时在左边“工作站”导航树中增加了路径的节点信息，与“通过面”的节点情况是一样的。

3) 手动路径添加

手动路径添加也是用户给离线操作添加路径的方式之一。手动路径添加指的是用户通过鼠标单击或是参数设置的方式选择点，将选中的点添加到加工路径中的方式。添加的点是一个一个陆续添加到加工路径中的。在离线操作中实现手动路径添加，先在左边的导航树中选中离线操作，在该节点上单击鼠标右键，选中“路径添加”，即可弹出“路径添加”界面。如图 4-94 所示为手动路径添加功能的调出过程。

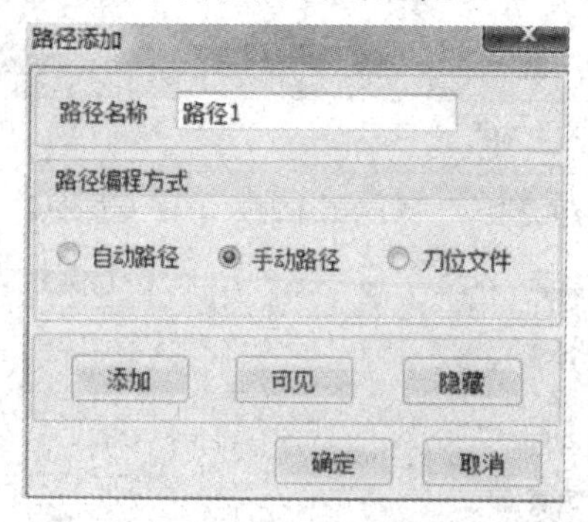

图 4-94　手动路径添加功能的调出

添加一行记录后，编号为 0，px、py、pz 为空。这是因为用户还没有选择点，所以点的信息还不全，此时用户可以通过“点击生成”或“参数生成”设置选点方式。“点击生成”栏中，用户可以选择的参考元素包括点、线、面。点意味着用户用鼠标直接在视图中选中所需的点，线意味着光标处在线上的投影点，面意味着用户选择光标处在面上的投影点。“参数生成”方式也包括两种，即线和面。线上设置 U 参数，从而确定点的位置；面上设置 U、V 参数，从而确定点的位置。选择“点击生成”或“参数生成”其中之一，选好“参考元素”，单击“确定”按钮，在视图中选取所需对象即可在列表中添加点的详细信息。如图 4-95 所示为“手动路径”添加点前后的差异。

图 4-95　“手动路径”添加点前后

用同样的方法在列表中添加多个点，组成加工路径，在列表的上方有列表操作按钮，包括添加、删除、上移、下移等，用户可以对添加的点进行适当的修改。

“手动路径”界面的下面有一栏是“调整姿态”，指的是用户可对列表中的点姿态进行调整，调整包括法向和切向的调整。“法向”可以实现面的法向、沿直线、反向。单击“面的法向”按钮，用户可以在视图上选择一个面，使点的法向与选中的面的法向一致。单击“沿直线”按钮，用户可以在视图中选择一条线，使点的法向与线的方向一致。单击“反向”按钮，则当前的法向取反方向。“切向”则提供角度调整框，设置好角度后单击“归零”按钮，“切向”也可以设置为“反向”，即选择相反的方向。

点添加完毕后，单击“确定”按钮将所有点添加到加工路径中，并回到路径添加界面，再单击“确定”按钮即可将路径点都添加到工程文件中。在左边工作站导航树中增加了路径的节点信息，如图 4-96 所示。

图 4-96　手动路径添加后增加的路径节点

4) 导入刀位文件

在离线操作中，添加路径的方式有三种，包括导入刀位文件、手动路径添加、自动路径添加。三种路径添加方式可以分别使用，也可以结合使用，用户可根据实际需求选择最适合的路径添加方式。

导入刀位文件是指用户可以将其他 CAM 软件生成的刀位文件直接导入，通过对刀位文件进行解析，获取文件中的加工路径信息，转化为本软件可识别的加工路径，以便用户进行后续的操作。加工的路径点是批量添加到加工路径中的。

用户想要在离线操作中导入刀位文件，先在左边的导航树中选中离线操作，在该节点上单击右键，选中“路径添加”，即可弹出“路径添加”界面。选中刀位文件选项，单击“添加”按钮，即可调出导入刀位文件界面。如图 4-97 所示为导入刀位文件功能的调出过程。

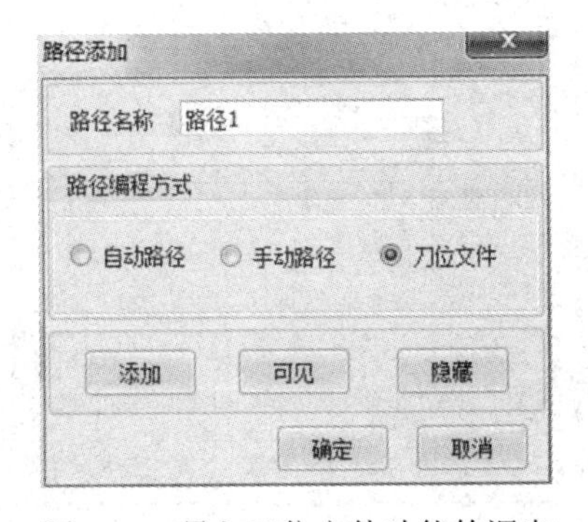

图 4-97　导入刀位文件功能的调出

在导入刀位文件界面，单击“选择刀位文件”按钮，在文件对话框中选择需要导入的刀位文件。刀位文件导入后需要设置当前工件坐标系的X、Y、Z、A、B、C。副法矢参考点的设置是为产生副法矢而设置的。副法矢 = 刀轴 ×(刀位点 – 副法矢参考点) × 刀轴。单击“预览”按钮，可在视图中显示添加的刀位点，用户可以直观地了解添加点的信息。

用户单击界面上的“确定”按钮，回到路径添加界面，再单击“确定”按钮即可将刀位文件中的信息加入到工程文件中，即在左边“工作站”导航树中增加了路径的节点信息，如图4-98所示。

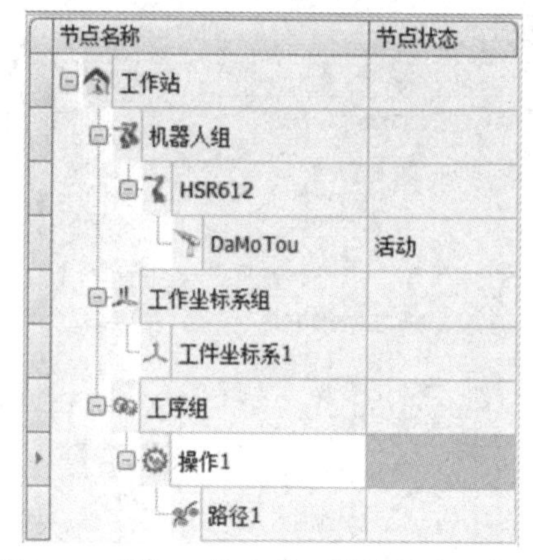

图4-98　导入刀位文件后增加的路径节点

5) 离线编辑操作功能

创建离线操作后，用户也是可以修改操作信息的，在离线操作的节点上单击右键，选择“编辑操作”，弹出“编辑操作”界面，如图4-99所示。

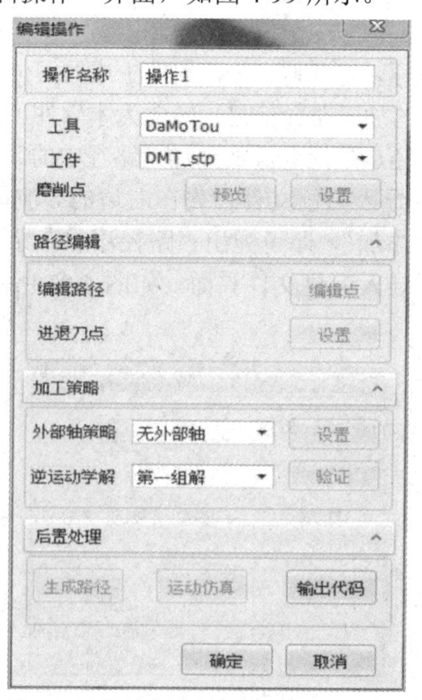

图4-99　离线操作的“编辑操作”界面

离线操作界面中很多功能按钮皆显示为不可用状态。“磨削点”功能在离线操作时手拿工件状态是可用状态；“编辑路径”“进退刀点”“生成路径”功能是在操作中有点的时候可用；外部轴功能当用户选择单变位机时可用；“运动仿真”则是在生成路径后可用。当用户选择的离线操作是手拿工件模式时，必须进行磨削点设置。单击“设置”按钮，弹出“磨削点定义”界面，如图4-100所示。该界面中需要设置磨削点的位置以及姿态，或者用户可以单击“选点”按钮，在视图中选择某些特殊点作为磨削点，选中后视图窗口中显示为一个坐标系，默认的初始姿态与基坐标一致。单击“确定”按钮完成磨削点的设置，在“编辑操作”界面中单击“预览”按钮，可以在视图中预览刚建立的磨削点，再单击即隐藏。

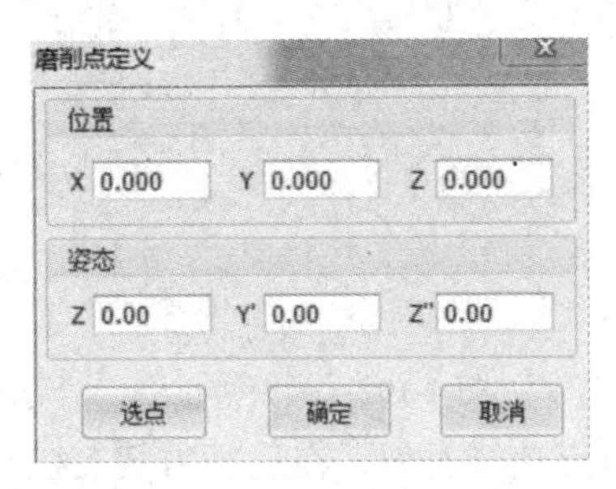

图4-100　“磨削点定义”界面

6) 离线编辑点功能

通过导入刀位文件、手动路径添加或自动路径添加的方式添加好初步的路径点后，可以通过编辑点的功能对已经添加的点进行编辑。在离线操作的节点上单击右键，选择“编辑操作”，如图4-101所示。路径中有点的情况下，“编辑点”按钮处于可用状态。单击“编辑点”按钮，弹出编辑点界面。

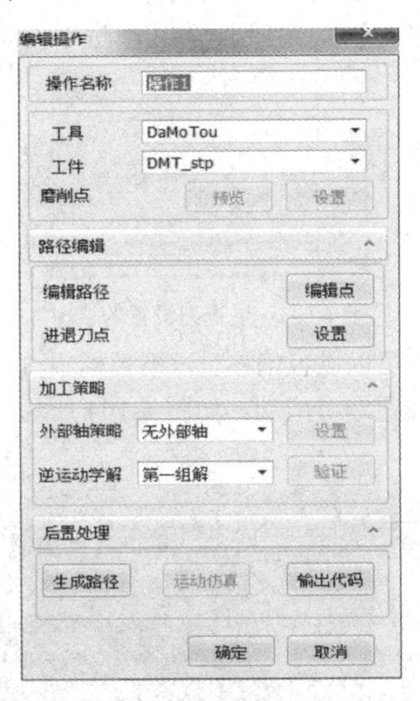

图4-101　离线编辑点功能的调出

调出编辑点界面后，如果之前已经添加过路径点，则点数不为0，总点数跟添加的点数一致，并且视图中显示所有路径点。

在已经添加的路径点中，也可以再手动添加其他点，添加方式有添加在最后、前面加入和后面加入，选择其中之一，结合点的编号，可以在已有路径的任意处添加新的点。离线编辑点上的 IO 属性设置和机器人随动功能与示教编辑点的完全一致。编辑点提供调整点位姿的功能，用户对已经添加的点可以进行 X、Y、Z、A、B、C 等位姿参数的调整，调整后视图中会有相应的变化，如图 4-102 所示。

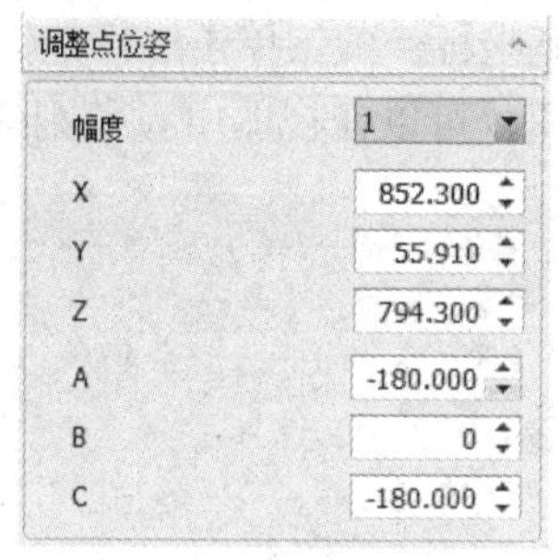

图 4-102　调整点位姿

批量调节功能与示教编辑点功能类似，在运行方式、CNT、延时、速度等参数之外，还增加了转角和压力值的调节设置。调节转角和压力值后，在视图中点会随之发生变化，为批量调节功能。“归零”按钮是将当前角度设置为参考零度。单击“同目标点”按钮后，在视图中选取一点，则批量的所有点方向都变化成与这个点的方向一样。

7) 进退刀设置

主要路径点设置好后，可以选择进退刀设置功能，快捷地进行进退刀的设置。完成路径设置后，在离线操作的节点上右击，选择“编辑操作”。路径中有点的情况下，进退刀点“设置”按钮处于可用状态。单击该按钮，弹出“进退刀设置”界面，如图 4-103 所示。

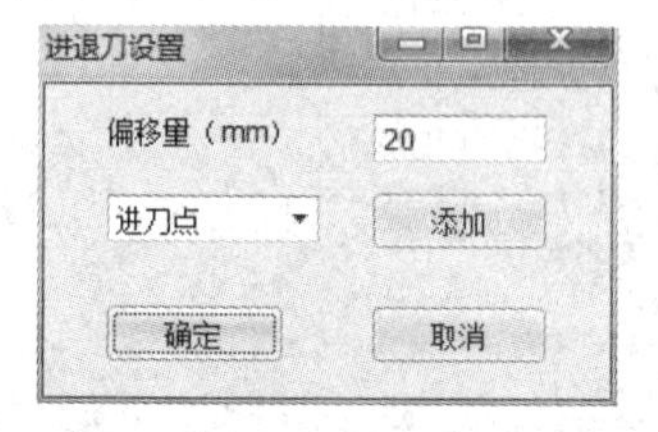

图 4-103　进退刀设置的调出

在“进退刀设置”界面中可以设置偏移量，下拉框中可以选择是添加进刀点还是退刀点，设置好后单击“添加”按钮即可成功。如图 4-104 所示，为成功添加进刀点和退刀点的情况。

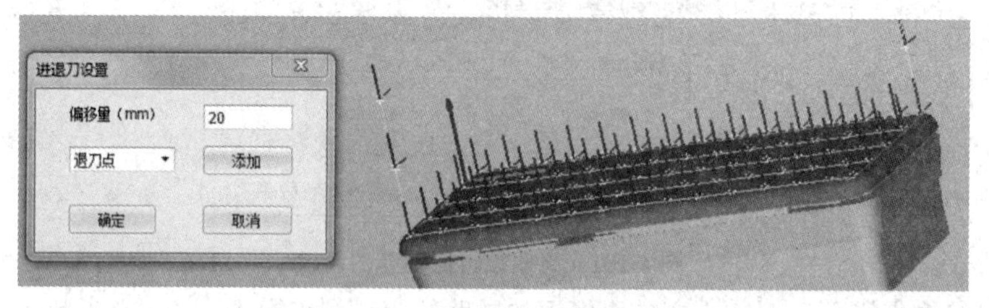

图 4-104　添加进刀点和退刀点

8) 生成路径

当所有路径点设置完成后，必须进行生成路径操作，才能进行路径仿真和代码输出功能，这一点跟示教操作不同。生成路径操作的功能是将之前选择的路径点信息经过运动学计算转化为机器人所能识别的路径信息。完成路径设置后，在编辑操作界面下方，单击“生成路径”按钮后，软件开始进行机器人的运动学计算，如果计算后的点都可达，则提示生成路径成功；如果有点不可达，则提示生成路径失败。生成路径后，选择解锁下拉框，可在下拉框中选择第一组到第八组解，直至所有点都可达；如果都不可达，则需要返回编辑点重新调整不可达点的位姿。生成路径成功后，界面上的“运动仿真”按钮变为可用状态。

8. 码垛操作

1) 创建码垛操作

InteRobot 机器人离线编程软件提供码垛功能的路径规划，以及相应的运动仿真、机器人代码的输出功能。在本软件中，所有有关码垛的功能都是建立在码垛操作的基础之上的，所以进行码垛路径规划和运动仿真前，必须创建码垛操作。

在进行码垛路径规划和仿真前，用户需先导入机器人、工具、工件或者工作台等。根据前面章节的步骤，先将要导入的部分导入到工程文件，并将工件标定到正确的位置，做好创建码垛的准备工作。

做好码垛准备工作后，在“工作站”导航树的“工序组”节点上右键单击并选择“创建操作”，弹出“创建操作”界面。

创建码垛操作的流程跟示教操作的是一样的，用户可以参考示教操作的创建步骤。创建码垛操作完成后，在“工作站”导航树的“工序组”节点下会产生一个码垛操作的节点，名称跟操作名称一致，这样，该操作的信息就加载到了工程文件中。如图 4-105 所示为创建码垛操作后的“工作站”导航树。

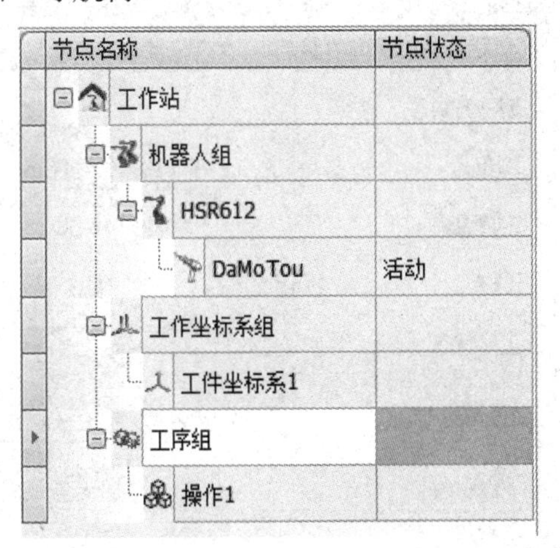

图 4-105　创建码垛操作后的“工作站”导航树

2) 添加码垛路径

添加码垛操作后，可以在码垛操作上添加路径点，形成码垛路径。在码垛操作上单击右键，在快捷菜单中选择“编辑路径”，如图 4-106 所示。

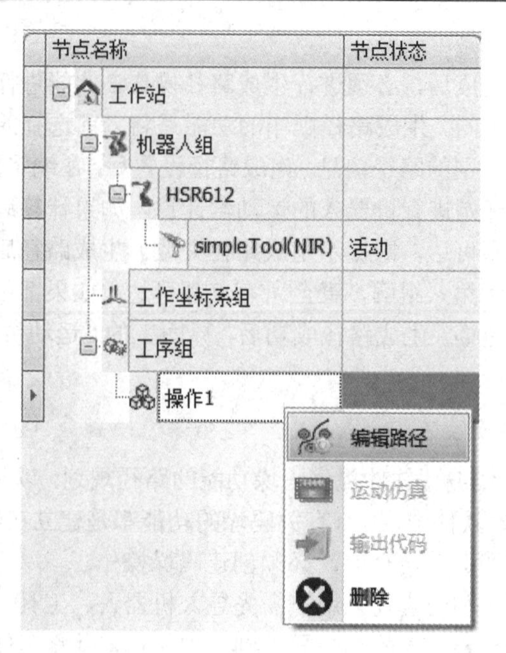

图 4-106　“编辑路径”的调出

在没有添加点的情况下，当前点序号是 0，表示路径中没有点，如图 4-107 所示。

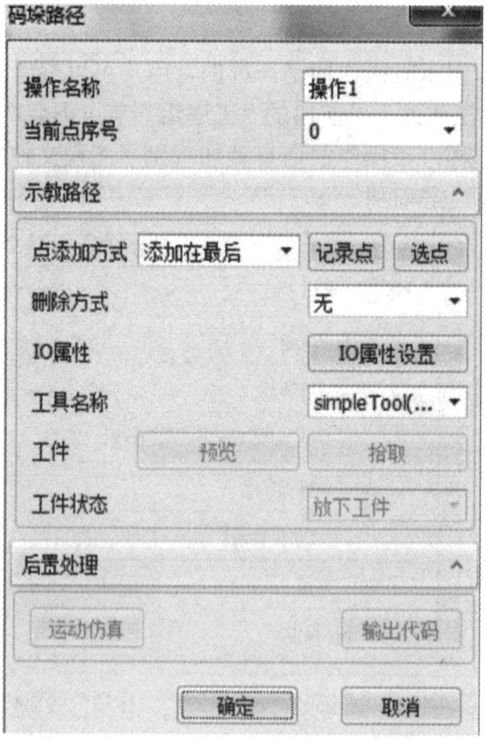

码垛路径
操作名称　操作1
当前点序号　0
示教路径
点添加方式　添加在最后　记录点　选点
删除方式　无
IO属性　IO属性设置
工具名称　simpleTool(...
工件　预览　拾取
工件状态　放下工件
后置处理
运动仿真　输出代码
确定　取消

图 4-107　路径中没有点的编辑路径界面

用户可通过调整右边的机器人属性栏中机器人的当前位置参数来调整机器人的姿态。将机器人姿态调整到合适姿态后，如果用户想添加该点为加工时机器人的路径点，可以单击编辑点窗口中的“记录点”按钮，如图4-108所示。

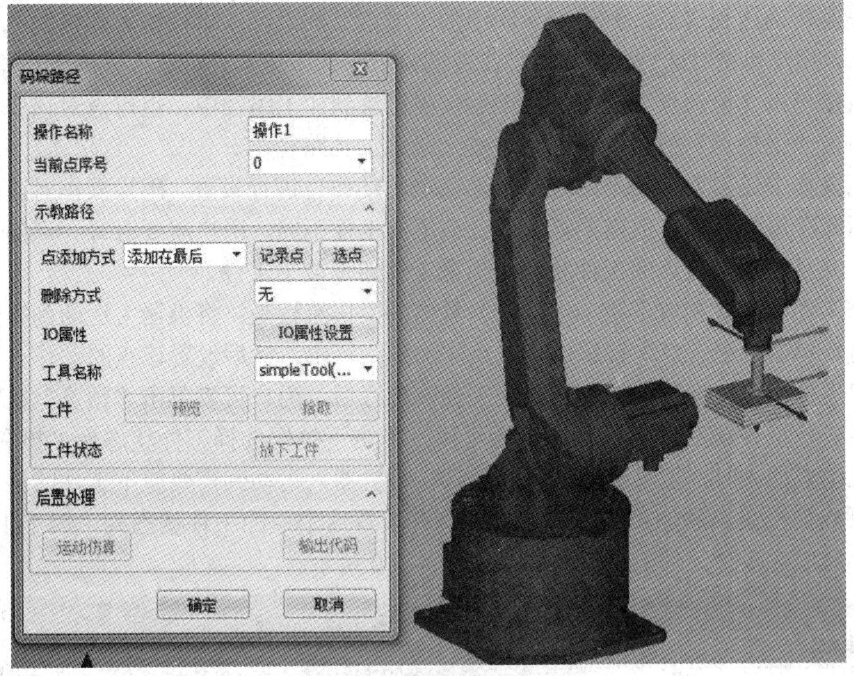

图4-108　调整机器人姿态

单击“记录点”按钮后，便将机器人当前位置记录到加工路径中了，此时编辑点界面上的编号变为1，表示路径中有一个点。用户可以依次类推，将所有的点都添加到加工路径中，编号也会相应增加。用户关闭编辑点界面后，再次打开时，这些点依然存在，并且用户可以继续添加点。如图4-109所示为添加一个点后的编辑点界面。

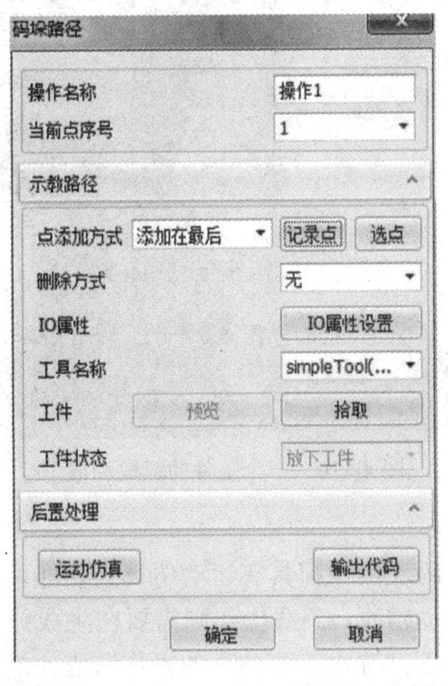

图4-109　添加一个点后的编辑点界面

在实际加工中，用户可能需要机器人运动到某些特殊的点位上，这时通过调节机器人的姿态很难精确达到该点，编辑点界面中的“选点”按钮可以将机器人直接定位至某一个特殊的点，用户单击“选点”按钮后，在视图窗口中选中该点，机器人立即到达指定位置，用户可直接单击“记录点”按钮，将该点位姿记录到加工路径中，也可再对该姿态进行调整后再单击“记录点”按钮，将该点位姿记录到加工路径中。

码垛操作中还需要将每个路径点需要完成的动作也进行设置。码垛操作对应的工件有多个，因此在每个轨迹点上需要抓取或者放下的工件不同，用户需要对每一点的工件都进行设置，并且设置当前点的工件状态是抓取工件还是放下工件。

一个工件的抓取和放下是一组动作，具体的操作流程是：将机器人运动到需要抓取工件的位置，单击“记录点”按钮，将该点添加到路径中，然后设置该点的动作。单击工件的“拾取”按钮，在视图中选中当前的工件。选好后，用户可以单击“预览”按钮，工件高亮显示。拾取完成后，工件状态变为可用。单击下拉框选择工件状态为“抓取工件”，此时再运动机器人时，工件也随之一起运动。将机器人运动到需要放下工件的位置点，单击“记录点”按钮，添加第二点到路径中，并设置这个点的工件状态为“放下工件”。依次类推，完成对多个工件的码垛操作，如图 4-110 所示。

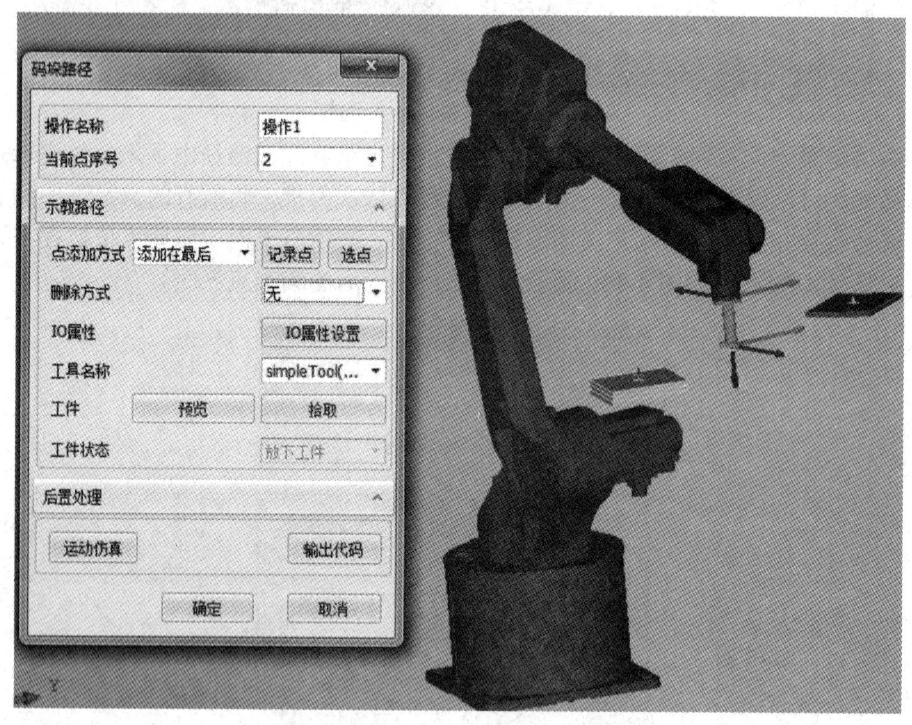

图 4-110　一个工件的抓取和放下

9. 运动仿真

离线操作、示教操作和码垛操作都具有运动仿真的功能。示教操作和码垛操作在路径点添加完成之后可以进行运动仿真，离线操作则需要在生成路径成功之后才能进行运动仿真。在满足前提条件的情况下，选中需要仿真的操作节点，右键单击“运动仿真”菜单，弹出运动仿真功能界面，如图 4-111 所示。

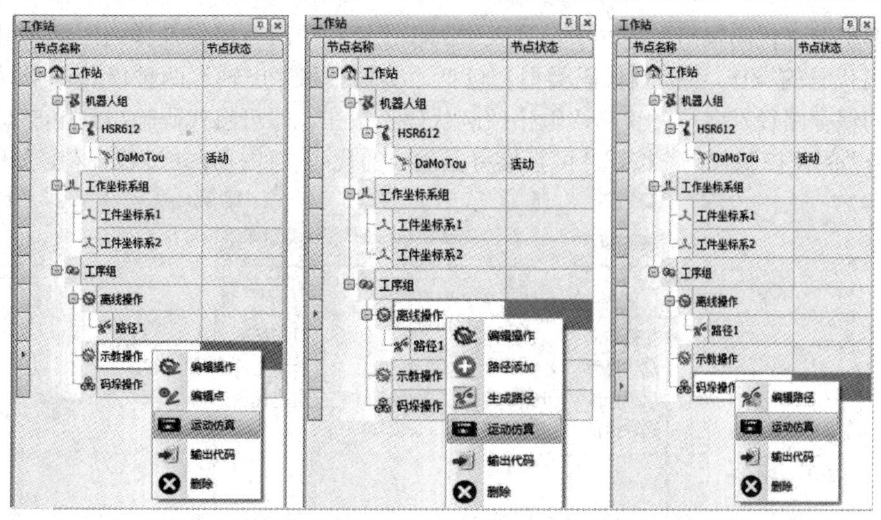

图 4-111　示教操作、离线操作和码垛操作的运动仿真功能的调出

运动仿真界面弹出后，在视图界面上会显示所有的路径点，在仿真界面上，列表中会显示当前仿真路径中所有点的详细信息。基于坐标系功能表示点位信息在世界坐标系上不变，切换点在不同坐标系中的表示方法。在 IPC 控制器连接部分，勾选“IPC 控制器插补”，将控制器与电脑连接好后，单击“加载程序到 IPC”按钮，可将仿真中点位信息的程序上传到控制器，此时单击仿真按钮，则加工现场机器人按照程序运动。用户在进行仿真之前，要确保右边的机器人属性栏中选中当前机器人，否则可能出现机器人仿真画面不动的情况。

10. 输出机器人控制代码

离线操作、示教操作和码垛操作都具有输出机器人代码的功能。示教操作和码垛操作在路径点添加完成之后可以输出机器人代码，离线操作则需要在生成路径成功之后才能输出机器人代码。在满足前提条件的情况下，选中需要输出机器人代码的操作节点，右键单击“输出代码”，弹出输出机器人代码功能界面，如图 4-112 所示。

图 4-112　输出机器人代码功能的调出

在弹出的“代码输出”界面中，列表中列举了工程中所有操作及详细信息，用户选中需要输出代码的操作，“控制代码类型”包括“实轴”和“虚轴”两种模式。用户选择输出代码的保存路径及名称，单击“输出控制代码”按钮，即可将代码输出到用户设置的路径。单击“阅读控制代码”按钮，可直接将已生成的代码文件打开并进行查看，如图 4-113 所示。

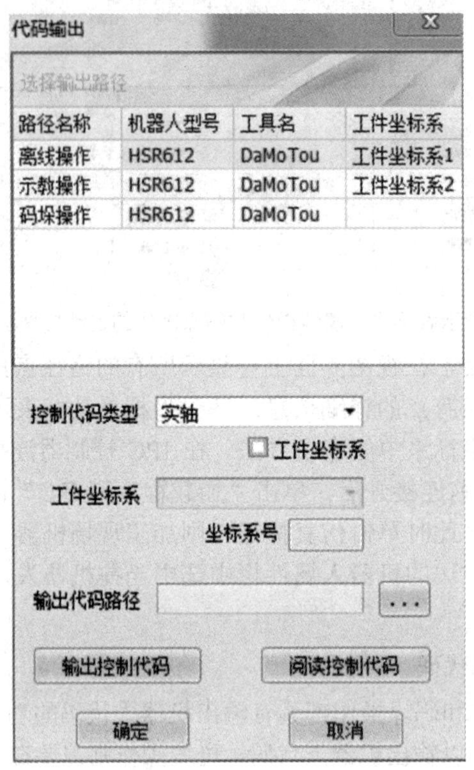

图 4-113　“代码输出”界面

代码的输出还可以根据用户选定的工件坐标系输出，输出代码的点位信息是基于工件坐标系的，这样的代码可移植性高。用户勾选“工件坐标系”选项框，在下拉框中选中对应的坐标系，并设置该坐标系在示教器中的编号。

11. 工程文件的保存和打开

用户在工程文件操作的过程中可以随时将已经设置好的工程文件进行保存，单击工具栏的保存或者另存为选项，可将当前的工程文件保存下来，如图 4-114 所示。保存的路径不能包含中文名称。

图 4-114　保存和另存为选项

保存后的文件有若干个，建议一个工程文件用一个文件夹保存。

保存好的文件可以直接打开，运行机器人离线编程软件时，在启动后的界面中单击“打开”按钮，选择要打开的文件即可。将 .inc 文件打开后，视图和节点情况应该与保存时的状态一致。

五、实训考核

根据完成实训综合情况，给予考核，考核细则及评分如表 4-1 所示。

表 4-1　实训考核表

基 本 素 养(30 分)					
序号	考核内容	分值	自评	互评	师评
1	纪律(无迟到、早退、旷课)	10			
2	安全操作规范	10			
3	参与度、团队协作能力、沟通交流能力	10			
理 论 知 识(30 分)					
序号	考核内容	分值	自评	互评	师评
1	软件的选择	10			
2	坐标系的设置	10			
3	指令的使用	10			
技 能 操 作(40 分)					
序号	考核内容	分值	自评	互评	师评
1	离线编程软件的使用	10			
2	指令的灵活应用	10			
3	模拟仿真结果	10			
4	实际运行结果	10			
总分		100			

项 目 小 结

本项目以 InteRobot 离线编程软件为例，介绍了离线编程软件运行环境、操作界面和使用功能，要求读者掌握 InteRobot 离线编程软件的使用方法，同时会利用软件进行离线编程应用。

思 考 与 练 习

1. 与示教编程相比，离线编程有什么特点？
2. InteRobot 离线编程具有哪些功能与特色？

实训项目五　工业机器人涂胶及其操作应用

项目分析

当前，随着制造业的自动化和智能化程度不断提升，工业机器人技术迅猛发展，在工业制造领域，工业机器人应用越来越成熟；涂胶采用机器人后，涂胶和点胶的工作效率大大提高，不但节省了人力、降低了成本，而且提高了标准化程度，因此，很多企业都在采用大批量全自动化涂胶生产线，涂胶系统将具有更加广泛的市场前景和发展潜力。

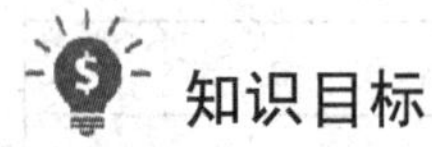

知识目标

(1) 了解涂胶系统软件的使用。
(2) 熟悉涂胶系统相关指令的应用。
(3) 熟悉涂胶机器人作业示教的基本流程。
(4) 熟悉涂胶机器人的周边设备与布局。

能力目标

(1) 能够识别涂胶机器人工作站的基本构成。
(2) 能够进行涂胶机器人的简单作业示教。

任务　工业机器人涂胶应用

任务目标

(1) 了解涂胶机器人的特点。
(2) 掌握涂胶机器人的系统组成及其功能。
(3) 通过机器人编程完成涂胶任务。
(4) 通过 HSR-JR612 工业机器人完成涂胶操作与编程。

知识链接　涂胶机器人简介及软件安装

一、涂胶机器人的分类及特点

涂胶机器人作为新的智能化涂胶装备，具有作业高效、稳定等优点，可将工人从繁重的体力劳动中解放出来，已在各个行业的包装物流线中发挥重大作用。归纳起来，涂胶机器人主要优点有：

(1) 占地面积小，动作范围大，可减少厂源浪费。

(2) 能耗低，可降低运行成本。

(3) 可提高生产效率，解放繁重体力劳动，实现“无人”或“少人”涂胶。

(4) 可改善工人劳作条件，摆脱有毒、有害环境。

(5) 柔性高、适应性强，可实现不同物料涂胶。

(6) 定位准确，稳定性高。

二、软件的安装

涂胶工艺包的安装分为两个部分：(控制器端)库文件的导入和配置、(示教器端)工艺包APK(Android application package，Android 应用程序包)的安装。

1. 库文件的导入和配置

(1) 在电脑上解压涂胶工艺发布包，其中应包含以下内容：控制器软件包、控制器固件包、示教器 APK、工艺包 APK。

(2) 使用网线连接电脑与控制器，更改电脑 IP 设置，使两者保持在同一网段下。

(3) 打开华数Ⅱ型机器人控制器配置软件，连接控制器。

(4) 更改 Pass Buffer Size 设置，修改 Pass Buffer Size 为 25600 或 51200。

(5) 在“系统升级”界面下，单击“导入文件”，分别导入“控制器系统固件包”和“控制器系统软件包(含涂胶)”下的压缩包。

(6) 重启控制器。

2. 工艺包 APK 的安装

涂胶工艺包 APK 的安装方法有两种：软件配置、路径拷贝。

1) 软件配置

安装和卸载步骤：

(1) 把涂胶工艺包 APK 文件拷贝到 U 盘里，将 U 盘插在示教器后面的 USB 接口中。

(2) 打开示教器，单击“菜单”→“配置”→“机器人配置”→“工艺包信息”，进入工艺包信息界面，如图 5-1 所示。

(3) 单击“配置路径”按钮，配置工艺包 .apk 在 U 盘中的目录，如图 5-2 所示，图中安装路径为 U 盘根目录。

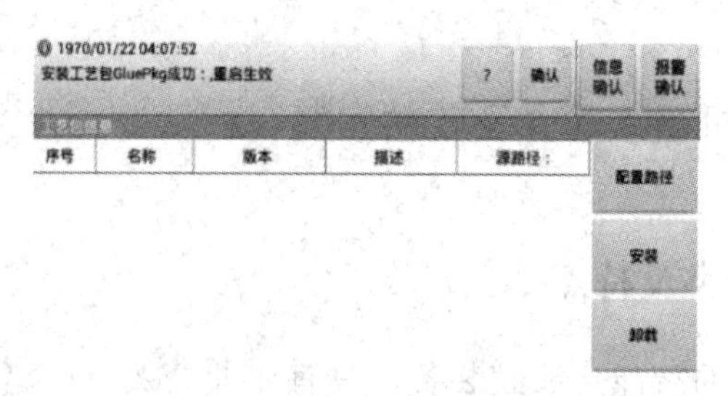

图 5-1　工艺包信息界面

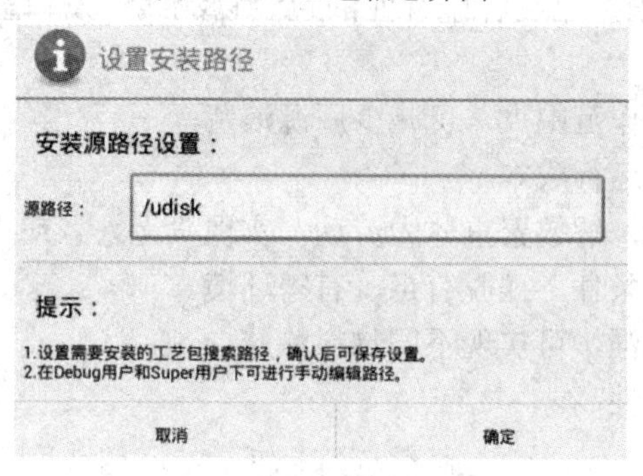

图 5-2　“设置安装路径”界面

(4) 单击图 5-1 界面中的“安装”按钮，选择要安装的工艺包名称，然后单击“确定”按钮，如图 5-3 所示。

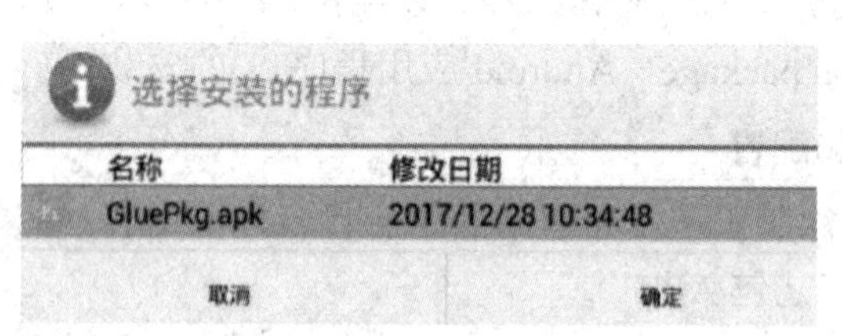

图 5-3　“选择安装的程序”界面

(5) 安装完后重启示教器，安装工艺包生效。

(6) 工艺包的卸载。单击图 5-1 工艺包信息界面中的“卸载”按钮，出现如图 5-4 所示的界面，选中要卸载的工艺包名称，然后单击“确定”按钮卸载，卸载后重启配置软件 HSpad 生效。

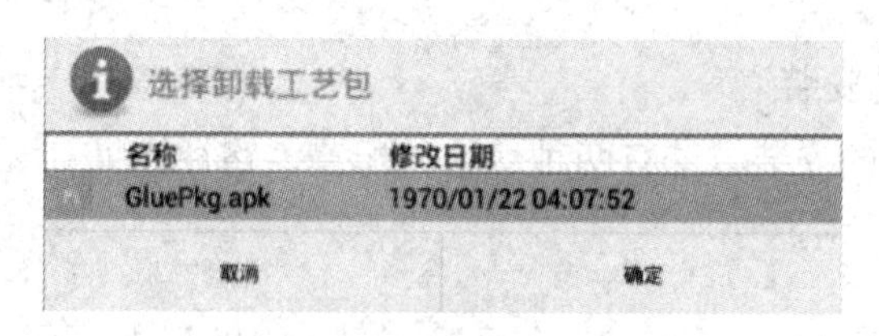

图 5-4　“选择卸载工艺包”界面

2) 路径拷贝

(1) 获得 GelatinizePkg.apk 后，将该文件复制到示教器的 ES 浏览器→HSpad→plugin 文件夹中，重启示教器 HSpad 软件生效。

(2) 卸载工艺包时直接删除文件夹中的工艺包 APK 即可。

技能训练　机器人涂胶程序的编写与调试

一、实训目的

(1) 掌握涂胶程序编写方法。

(2) 掌握涂胶程序示教及调试方法。

二、实训器材

HSR-JR612 涂胶工业机器人、涂胶设备。

三、实训注意事项

(1) 现场操作安全保护符合安全操作规程，正确佩戴安全防护用具，符合安全操作工业机器人要求。

(2) 工具摆放整齐，示教器放置在正确位置。

(3) 台面无残留线头、螺丝、接线端子等物品，爱惜设备和器材，保持工位的整洁。

(4) 工业机器人停止位置为零点位置，不超出台面。

四、实训操作

工业机器人涂胶程序编写与调试步骤如下：

1. 机器人通电开机

依次接通机器人电源→旋出控制柜的急停旋钮→旋出示教器的急停旋钮，等待示教器通信显示部分为绿色即可。

2. 主界面介绍

依次选择“菜单”→“工艺包”→“涂胶工艺包”，弹出涂胶工艺包的主界面，如图5-5所示。

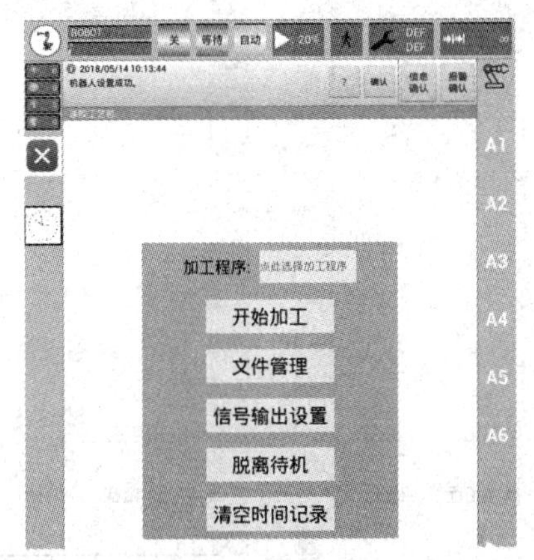

图5-5　涂胶工艺包的主界面

1) 加工程序选择

在涂胶工艺包里，有“工程”“主程序”“子程序”几个概念。“工程”实际是一个文件夹，里面可以包含多个子程序和主程序。通常建议一种工件的程序对应一个“工程”，而在编程时，一条或多条涂胶轨迹对应一个子程序，最后由主程序完成对所有子程序的调用。

工件 1

- 子程序 1(对应轨迹 1)
- 子程序 2(对应轨迹 2)
- 子程序 3(对应轨迹 3)
- 主程序 1(依次调用所有子程序)

工件 2

⋮

因此，主界面上的“加工程序”指的是选择某个工程下的主程序。单击“确定”按钮后，弹窗将显示现有的工程，如图 5-6 所示，选择工程下对应的主程序即可。

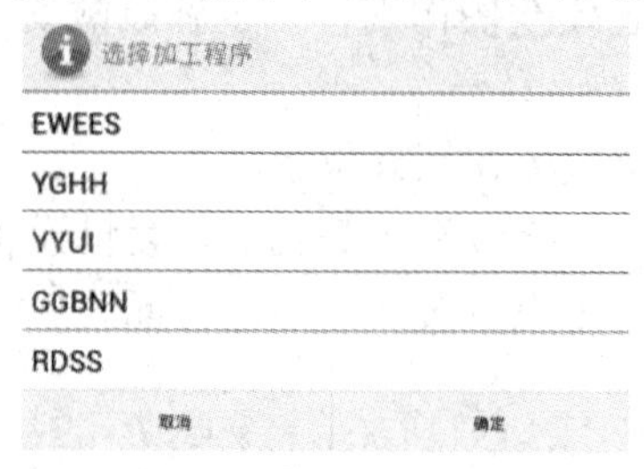

图 5-6　“选择加工程序”界面

2) 开始加工

单击“确定”按钮后，将加载已选择好的加工文件。

3) 文件管理

单击“确定”按钮后，进入工程管理界面，选中对应工程后，单击“确定”按钮，进入工程的文件管理界面，如图 5-7 所示。

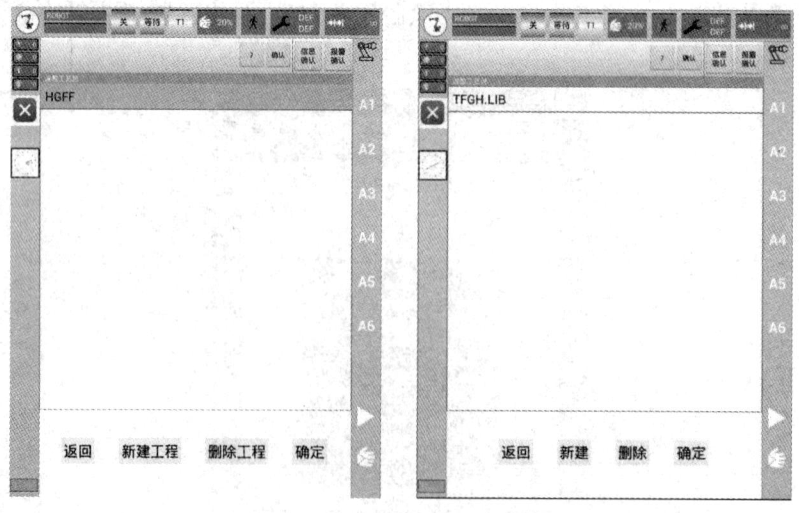

图 5-7　进入工程的文件管理界面

4) 信号输出设置

单击“信号输出设置”，进入如图 5-8 所示的信号输出设置界面。

输出端口索引	开胶	关胶	备注
D_OUT[1]	1	0	

返回　新建　修改　删除　保存

图 5-8　信号输出设置界面

默认情况下，“信号输出设置”内会有一条记录，如图 5-9 所示，代表每当执行开气(开胶)的时候，D_OUT[1]输出 1；每当执行关气(关胶)时，D_OUT[1]输出 0。涂胶工艺包支持最多对 20 个 IO 的控制。图 5-9 为修改输出信号设置界面。

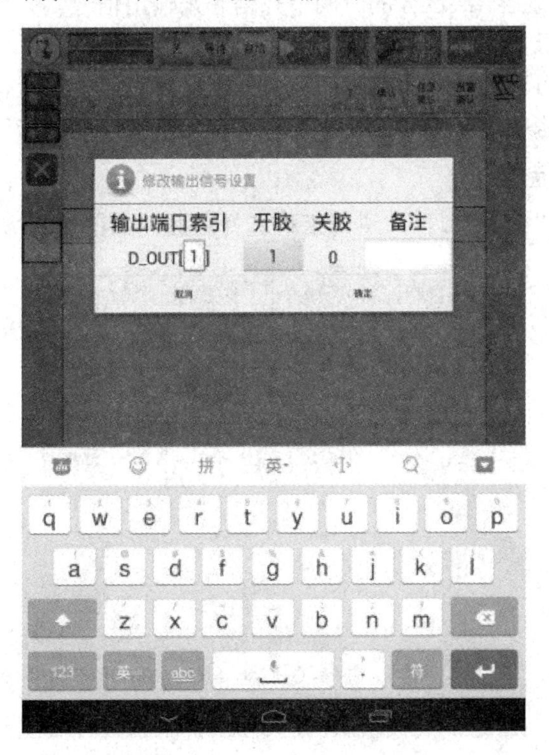

图 5-9　修改输出信号设置界面

5) 进入待机(脱离待机)

在一定的应用场景下，为防止胶液长时间不流动而在胶枪内凝固，在机器人未执行程序时需要胶枪能够自动地周期性滴胶。示教器切换至“进入待机”，弹出如图 5-10 所示的对话框。

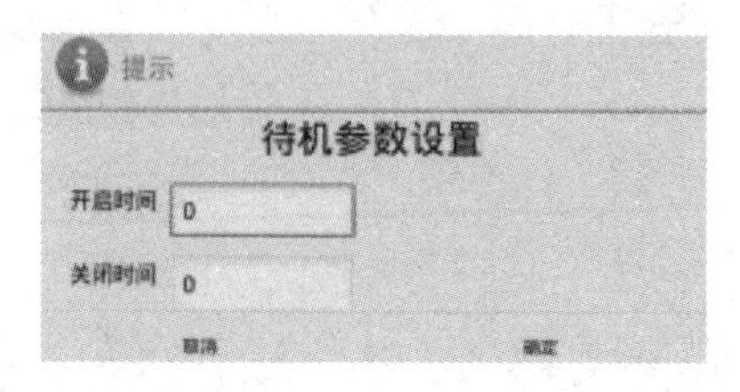

图 5-10　待机参数设置界面

设置相应的开气时间和关气时间后，机器人将原地进入待机，即周期性地开启和关闭对应 IO。

机器人进入待机后，“进入待机”按钮变为“脱离待机”按钮，单击后，机器人脱离待机状态，且相应 IO 被置 0。如果机器人产生运动，不管是示教运动还是执行程序的运动，都会自动脱离待机状态。

6) 清空时间记录

涂胶工艺包支持信号在到达目标点位前提前输出，这是通过记录机器人到达点位的时间点来实现的。因此，在运行一个新的程序时，第一遍运行不会有信号输出。此后，每一遍运行，机器人都通过上一次运行的时间节点信息来输出信号。

在某些情况下，机器人记录的时间节点信息有可能产生紊乱，导致信号输出持续性地不正常。这时候用户可以通过“清空时间记录”删除内部记录的所有时间节点信息，重新记录。这个功能不会影响用户编写的程序文件。

3. 子程序编程界面介绍

在主界面中单击“文件管理”，进入工程选择界面，如图 5-11 所示。

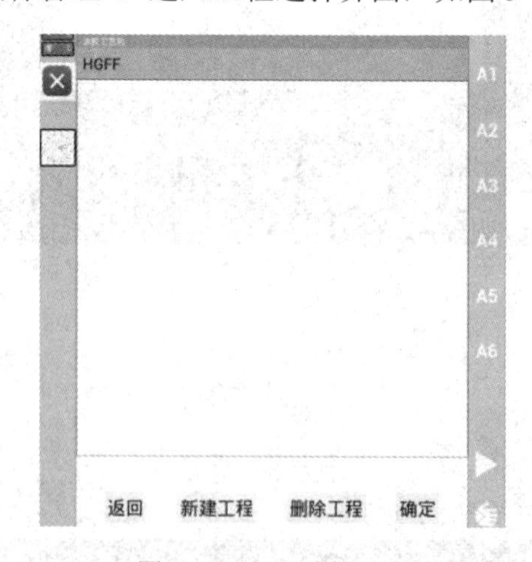

图 5-11　工程选择界面

在这里，以一个已经存在的“HGFF”工程作为示例，单击“确定”按钮进入该工程，将显示该目录下的所有子程序(.LIB)及主程序(.PRG)，如图 5-12 所示。

图 5-12　显示所有子程序及主程序界面

新建一个子程序，或者选中已有的“TFGH.LIB”，单击“确定”按钮，进入子程序编程界面。

1) 编程指令介绍

涂胶工艺包子程序编程指令共有两组：

第一组　运动指令：开胶、点位、关胶、待机。

第二组　参数调整指令：设速度、设间距、设坐标、平滑、平滑值。

(1) 运动指令：实现机器人的运动，并可控制机器人的信号输出。

开胶、关胶指令支持信号的提前操作，以补偿气压控制的滞后。在提前时间值设置得较为理想的情况下，机器人的胶枪将刚好在目标点出胶或断胶。

待机是在机器人到达目标点后，胶枪开始周期性地滴胶，避免胶液长时间不流动，以至于凝固而堵塞胶枪。机器人进入待机后，如果机器人出现运动(不管是手动模式下的示教运动，还是因为运行了运动程序)，立刻将对应 IO 置 0，并退出待机。

① 开胶指令。

在运动方式里，如果选择“普通运动”，代表机器人将使用普通的 MOVES(即直线运动)来实现接下来的所有运动，直至“关胶”为止。在这种运动方式下，机器人可以实现高速运动，但中间会存在明显的速度变化。如果选择“平稳运动”，机器人将以设定的速度，平稳地运行完接下来的轨迹，直至“关胶”为止。在这种运动方式下，可以保持机器人末端的速度平稳，从而使得涂出的胶线均匀，但无法设置过高的速度，否则机器人在拐角处会存在很大的加速度变化。机器人将运动到目标点位，并在到达该点之前开启对应 IO。

② 点位。单击“开胶”指令后，将弹出如图 5-13 所示的对话框。

函数名: GLUEON

○普通运动　●平稳运动

参数编号	参数值	参数描述
参数1:	P1	点位
参数2:		提前开启IO的时间（单位：秒）
参数3:	40.0~200.0	直线速度（单位：毫米/秒）

记录笛卡尔　手动修改

P1=(745.649,147.278,799.807,11.1731,5.01464,0.0)

取消　确定

图 5-13　单击“开胶”指令后的对话框

所有机器人在程序中需要到达且不需要控制信号的点，都使用“点位”来标识，如图 5-14 所示。

假想涂胶轨迹
（平稳运动）
假想点胶轨迹
（普通运动）
点位2
点位3
开胶点6
关胶点7
开胶点1
关胶点4
点位5

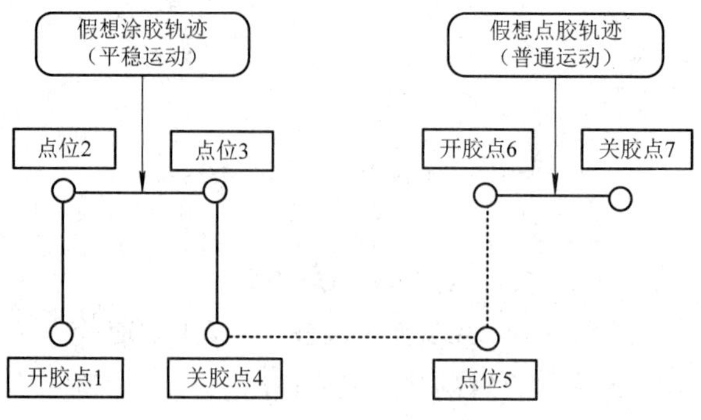

图 5-14　“点位”标识过程

在涂胶轨迹中，机器人在点位 1 出胶后，顺序通过点位 2 和点位 3，最后在点位 4 断胶。对于点位 2、点位 3，机器人在此并不需要控制信号，故在编程时使用指令“点位”。

同样地，点位 5 作为涂胶轨迹和点胶轨迹之间的一个过渡点，在该点不需要开胶或关胶，同样使用指令“点位”即可。

③ 关胶指令。

单击“关胶”指令后，将弹出如图 5-15 所示的对话框。

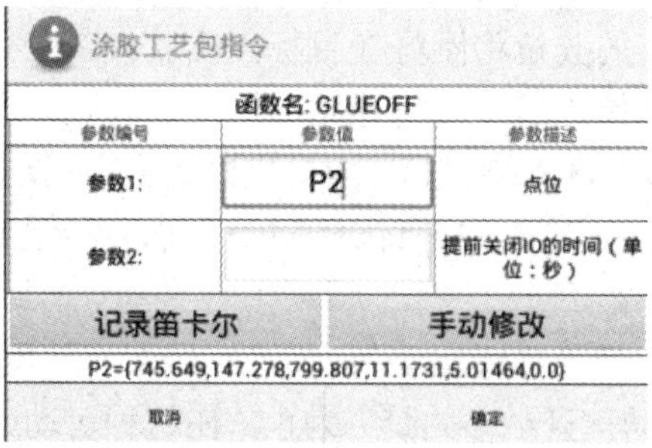

涂胶工艺包指令
函数名: GLUEOFF
参数编号
参数值
参数描述
参数1:
P2
点位
参数2:
提前关闭IO的时间（单位：秒）
记录笛卡尔
手动修改
P2=(745.649,147.278,799.807,11.1731,5.01464,0.0)
取消
确定

图 5-15　单击“关胶”指令后的对话框

机器人将运动到目标点，并在到达该点之前关闭对应 IO。

关胶后，“点位”的运动方式自动切换为“普通运动”。

④ 待机指令。单击“待机”指令后，将弹出如图 5-16 所示的对话框。

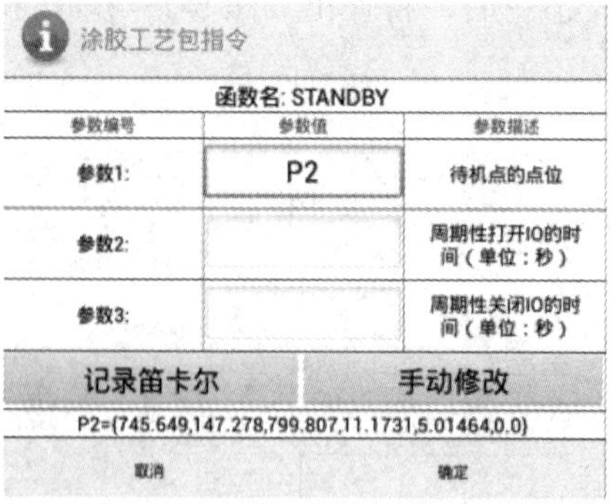

涂胶工艺包指令
函数名: STANDBY
参数编号
参数值
参数描述
参数1:
P2
待机点的点位
参数2:
周期性打开IO的时间（单位：秒）
参数3:
周期性关闭IO的时间（单位：秒）
记录笛卡尔
手动修改
P2=(745.649,147.278,799.807,11.1731,5.01464,0.0)
取消
确定

图 5-16　单击“待机”指令后的对话框

机器人将运动到目标点，并在到达目标点后根据设置的参数开始周期性地输出信号。

(2) 参数调整指令。

① 设速度。“设速度”指的是“普通运动”的速度，对“平稳运动”无效。“平稳运动”的速度只取决于用户在“开胶”时设定的速度(毕竟，无法在要求机器人在一段轨迹中保持速度平稳的同时，又要求切换它在过程中的速度)。SETMOVESVELOCITY 函数设置界面如图 5-17 所示。

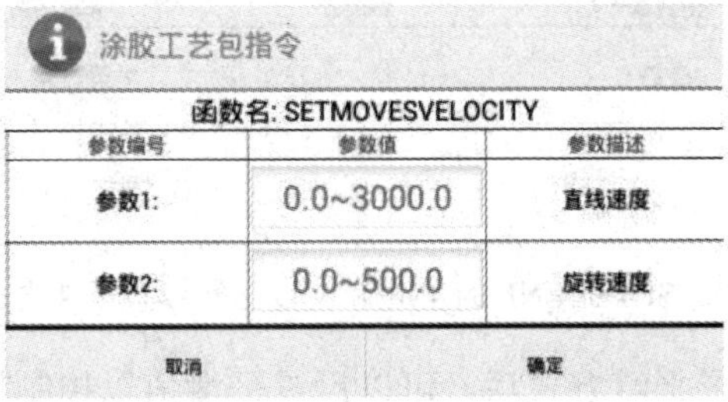

涂胶工艺包指令
函数名: SETMOVESVELOCITY
参数编号
参数值
参数描述
参数1:
0.0~3000.0
直线速度
参数2:
0.0~500.0
旋转速度
取消
确定

图 5-17　SETMOVESVELOCITY 函数设置界面

插入“设速度”指令以后，设定的速度值将一直生效，直至遇到下一条“设速度”为止。

② 设间距。“平稳运动”的原理在于，机器人得到示教点后，工艺包内部会插值出一定数量的路径点，并将这些点一起纳入规划，使得机器人能以一个设定好的速度通过整条轨迹。“设间距”的意义也在于此——控制插值计算的密度。设置界面如图 5-18 所示。

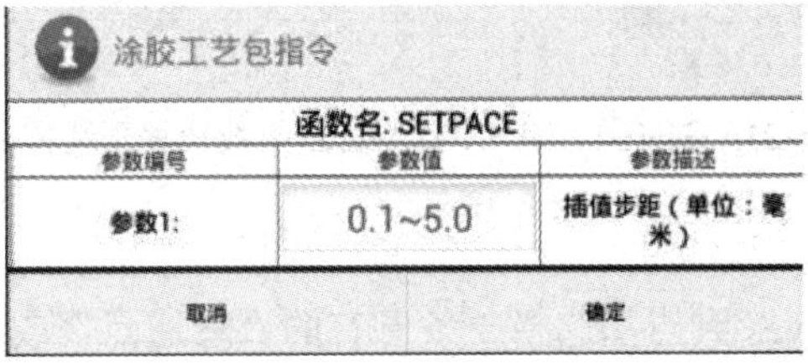

涂胶工艺包指令
函数名: SETPACE
参数编号
参数值
参数描述
参数1:
0.1~5.0
插值步距（单位：毫米）
取消
确定

图 5-18　SETPACE 函数设置界面

当间距比较小时，比如 0.1 mm，机器人的整体涂胶轨迹精度也比较好，但在拐角处可能存在抖动的现象。将间距提高，比如 0.5 mm、1 mm，机器人的运动表现将更加平稳缓和，但拐角处可能存在圆角。

同样地，插入“设间距”指令以后，设定的间距值将一直生效，直至遇到下一条“设间距”为止。“设间距”不影响“普通运动”。

③ 设坐标。设置机器人的工具坐标系或基座标系，如图 5-19 所示。

坐标
类型:
TOOL
BASE
序号:
1-16
取消
确定

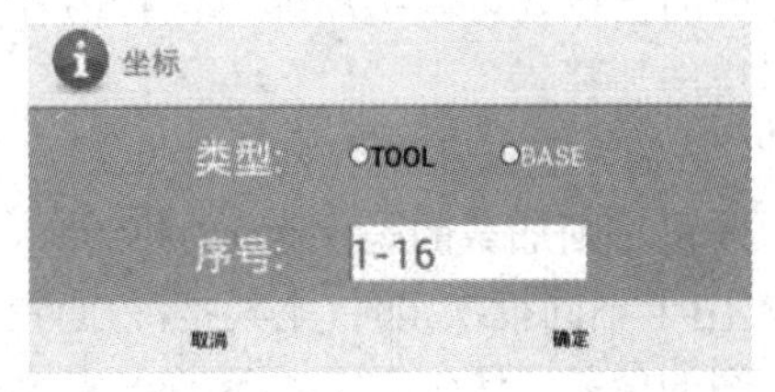

图 5-19　设置坐标系界面

④ 平滑。“设速度”内的“普通运动”速度稳定性不佳，而“平稳运动”虽然能使得机器人的末端速度基本不变，但在轨迹拐角处可能产生冲击。为在两种运动方式间取得一个折中，引入平滑过渡，作为一种额外可选的运动方式，设置界面如图 5-20 所示。

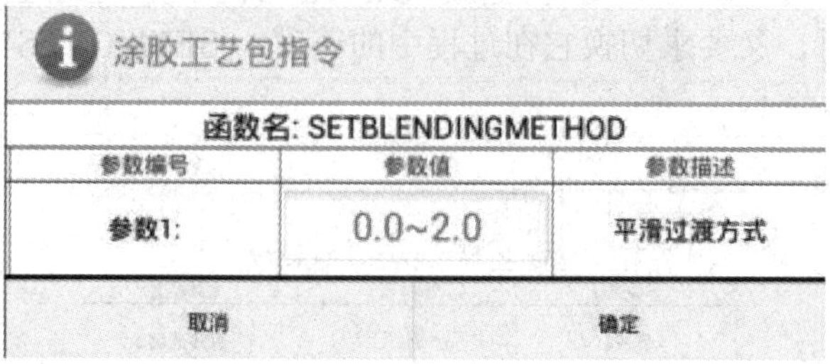

涂胶工艺包指令

函数名: SETBLENDINGMETHOD

参数编号	参数值	参数描述
参数1:	0.0~2.0	平滑过渡方式

取消　确定

图 5-20　SETBLENDINGMETHOD 函数设置平滑方式界面

⑤ 平滑值。在设置了平滑方式后，可以设置平滑值以控制轨迹的平滑效果，设置平滑值界面如图 5-21 所示。

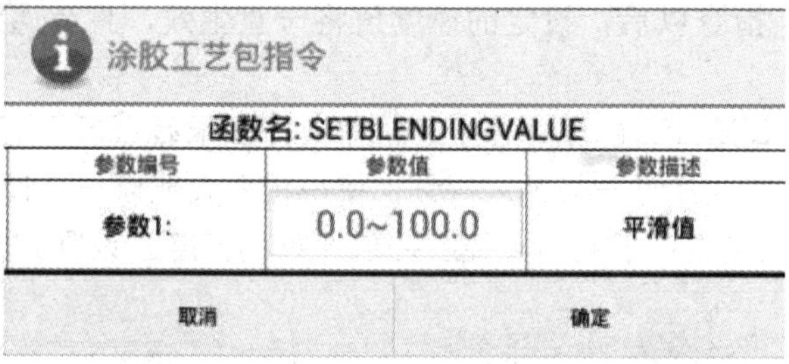

涂胶工艺包指令

函数名: SETBLENDINGVALUE

参数编号	参数值	参数描述
参数1:	0.0~100.0	平滑值

取消　确定

图 5-21　SETBLENDINGVALUE 函数设置平滑值界面

2) 编程界面编辑类按钮介绍

(1) Move 到点、Moves 到点。选择一条已有的“普通点”或“中间点”指令，在手动模式且机器人已按下使能的情况下，单击“Move 到点”按钮，机器人将在关节空间内插补到该点(其笛卡尔空间下的轨迹通常不是直线)；单击“Moves 到点”按钮，机器人将直线运动到点。

(2) 修改、剪切、复制、粘贴、删除。选择现有的指令，单击“修改”按钮，根据指令的不同，将弹出对应的修改框。其余“剪切”“复制”“粘贴”“删除”等功能与普通文件的编辑一致，此处不再赘述。

(3) 备注。选择一条已有的指令，单击“备注”按钮，该行指令将变为注释，在程序运行期间被忽略。双击被注释的指令，可以手动编辑该行内容。该功能可以用于屏蔽多余的指令，也可以用于添加用户的注释。

(4) 加载。单击“加载”按钮，将从工艺包内直接加载当前编辑的子程序。注意：如果加载前没有单击“保存”按钮，则加载的是保存前的文件。

(5) 批量。涂胶应用里，由于不同批次工件(尤其是冲压件)存在的差异，或是由于实际运动轨迹与理想运动轨迹之间的偏差，偶尔需要对示教出来的点位在一个或多个坐标方向上做集体调整。单击“批量”按钮后弹出如图 5-22 所示对话框。

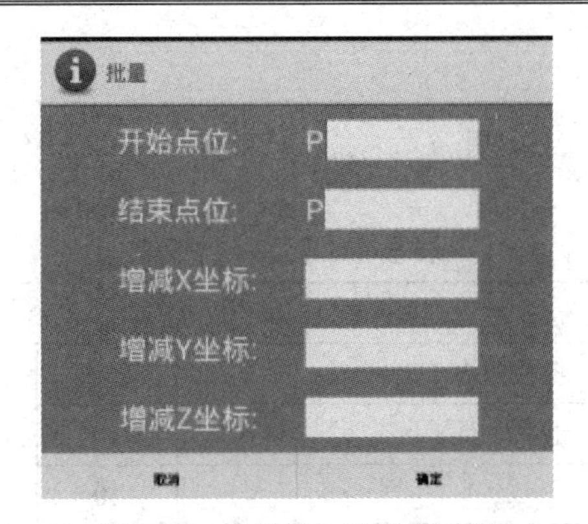

图 5-22　“批量”设置对话框

例如，要修改 P1～P10 的点位，使其坐标在原来的基础上，X 方向增大 0.2 mm，Y 方向减小 0.1 mm，则依次输入 1、10、0.2、−0.1、0 即可。

4. 主程序编程界面介绍

如前所述，在涂胶工艺包里，实际工作在子程序(.LIB)里进行，主程序(.PRG)只完成对子程序(.LIB)的调用，以此保证整个工程结构的清晰。

在工程里选中一个主程序，单击“确定”按钮，弹出如图 5-23 所示的对话框。

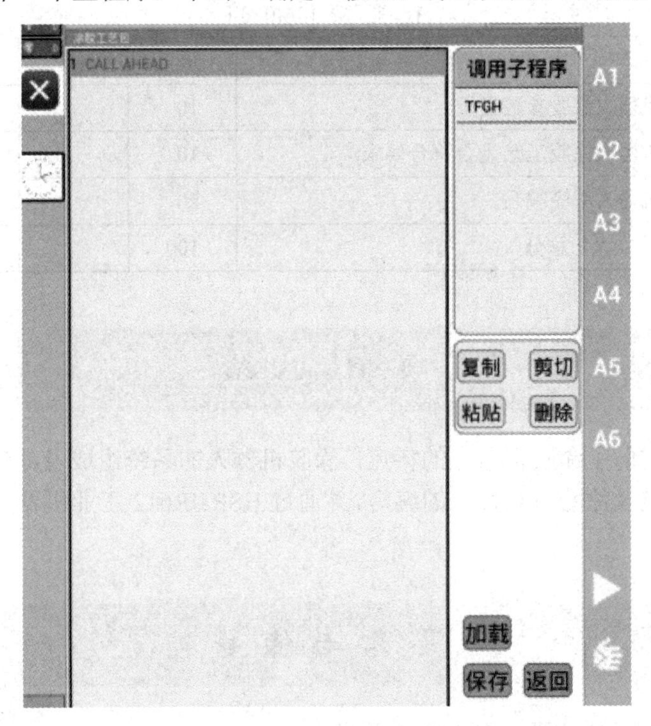

图 5-23　主程序对话框

每一个涂胶工艺包的主程序(.PRG)都会默认含有一行 CALL AHEAD，这是一个内置函数，用于完成信号输出等工作。

右侧的“调用子程序”下列出了该工程目录下所有子程序，每单击一个子程序，主程序就会添加一行对应的调用指令。

五、实训考核

根据完成实训综合情况给予考核，考核细则及评分如表 5-1 所示。

表 5-1　实训考核表

基 本 素 养(30 分)					
序号	考核内容	分值	自评	互评	师评
1	纪律(无迟到、早退、旷课)	10			
2	安全操作规范	10			
3	参与度、团队协作能力、沟通交流能力	10			
理 论 知 识(30 分)					
序号	考核内容	分值	自评	互评	师评
1	涂胶机器人组成和特点	10			
2	涂胶机器人涂胶工艺	10			
3	涂胶机器人涂胶参数要求	10			
技 能 操 作(40 分)					
序号	考核内容	分值	自评	互评	师评
1	涂胶机器人涂胶参数设置	10			
2	涂胶机器人涂胶工艺是否符合要求	10			
3	涂胶机器人程序编写	20			
总分		100			

项 目 小 结

本项目主要讲解了涂胶机器人的特点，涂胶机器人的系统组成及其功能。用户需掌握涂胶工艺包的安装及涂胶系统程序的编写，并通过 HSR-JR612 工业机器人完成涂胶操作与编程。

思 考 与 练 习

1. 简述涂胶机器人需要达到的技术要求。
2. 简述机器人涂胶装配的工作流程。
3. 与传统的涂胶装配相比，机器人涂胶装配有什么特点？

实训项目六　工业机器人焊接及其操作应用

项目分析

众所周知，焊接加工一方面要求焊工具有熟练的操作技能、丰富的实践经验和稳定的焊接水平；另一方面，焊接又是一种劳动条件差、烟尘多、热辐射大、危险性高的工作。工业机器人的出现，使人们自然而然地想到用它替代人的手工焊接，这样不仅可以减轻焊工的劳动强度，同时也可以保证焊接质量和提高生产效率，这也是若干年以来人们千方百计追求的目标。据不完全统计，全世界在役的工业机器人大约有近一半用于各种形式的焊接加工领域。随着先进制造技术的发展，焊接产品制造的自动化、柔性化与智能化已成为必然趋势。而在焊接生产中，采用机器人焊接则是焊接自动化技术现代化的主要标志。

本章将对焊接机器人的分类、特点、基本系统组成和典型周边设备进行简要介绍，并结合实例说明焊接作业示教的基本要领和注意事项，旨在加深大家对焊接机器人及其作业示教的认知。

知识目标

(1) 了解焊接机器人的分类及特点。

(2) 掌握焊接机器人系统的基本组成。

(3) 熟悉焊接机器人作业示教的基本流程。

(4) 熟悉焊接机器人典型周边设备与布局。

能力目标

(1) 能够识别常见焊接机器人工作站基本构成。

(2) 能够进行焊接机器人的简单弧焊和点焊作业示教。

任务　工业机器人焊接应用

任务目标

(1) 了解焊接机器人的分类及特点。

(2) 掌握焊接机器人的系统组成及其功能。

知识链接　焊接机器人简介

一、焊接机器人的分类及特点

焊接机器人作为当前广泛使用的先进自动化焊接设备，具有通用性强、工作稳定的优点，并且操作简便、功能丰富，越来越受到人们的重视。使用机器人完成一项焊接任务只需要操作者对它进行一次示教，机器人即可精确地再现示教的每一步操作。如果让机器人去做另一项工作，则无需改变任何硬件，只要对它再做一次示教即可。归纳起来，焊接机器人的主要优点如下：

(1) 稳定和提高焊接质量，保证焊缝的均匀性。

(2) 提高劳动生产率，一天可 24 h 连续生产。

(3) 改善工人劳动条件，可在有害环境下工作。

(4) 降低对工人操作技术的要求。

(5) 缩短产品改型换代的准备周期，减少相应的设备投资。

(6) 可实现小批量产品的焊接自动化。

(7) 能在空间站建设、核电站维修、深水焊接等极限条件下完成人工难以进行的焊接作业。

(8) 为焊接柔性生产线提供技术基础。

焊接机器人其实就是在焊接生产领域代替焊工从事焊接任务的工业机器人。在这些焊接机器人中，有的是为某种焊接方式专门设计的，而大多数的焊接机器人其实就是通用的工业机器人装上某种焊接工具构成的。世界各国生产的焊接机器人基本上都属于关节型机器人，绝大部分有 6 个轴。其中，1、2、3 轴可将末端工具(即焊接工具，如焊枪、焊钳等)送到不同的空间位置，而 4、5、6 轴解决末端工具姿态的不同要求。目前，焊接机器人应用中比较普遍的主要有 3 种：点焊机器人、弧焊机器人和激光焊接机器人，如图 6-1 所示。

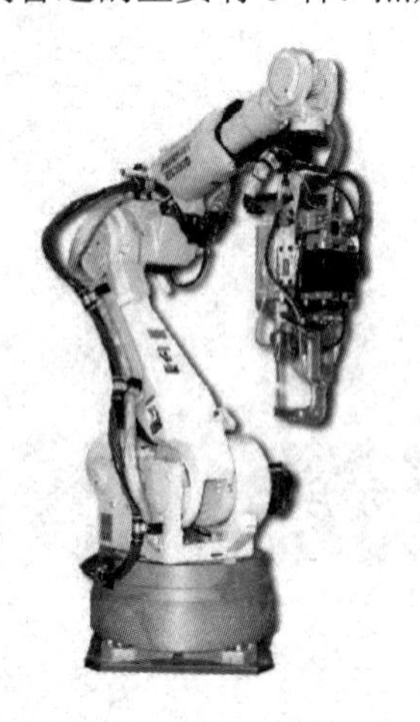

(a) 点焊机器人

(b) 弧焊机器人

(c) 激光焊接机器人

图 6-1　焊接机器人分类

1. 点焊机器人

点焊机器人是用于点焊自动作业的工业机器人。实际上，工业机器人在焊接领域应用最早的是从汽车装配生产线上的电阻点焊开始的，如图 6-2 所示。

图 6-2 汽车车身的机器人点焊作业

这主要在于点焊过程比较简单，只需点位控制，至于焊钳在点与点之间的移动轨迹则没有严格要求，对机器人的精度和重复精度的控制要求比较低。一般来说，装配一台汽车车体大约需完成 3 000 500 个焊点，而其中约 60%的焊点是由机器人完成的，最初，点焊机器人只用于增强点焊作业，即往已拼接好的工件上增加焊点；后来，为了保证拼接精度，又让机器人完成定位焊接作业。

如今，点焊机器人已经成为汽车生产行业的支柱。因此，点焊机器人逐渐被要求有更全面的作业性能，不仅要有足够的负载能力，而且在点与点之间移位时速度要快捷，动作要平稳，定位要准确，以减少移位的时间，提高工作效率，具体要求如下：

(1) 安装面积小，工作空间大。

(2) 快速完成小节距的多点定位(如每 0.3 s～0.4 s 移动 30 m～50 m 节距后定位)。

(3) 定位精度高(0.25 mm)，以确保焊接质量。

(4) 持重大(50 kg～150 kg)，以方便携带内装变压器的焊钳。

(5) 内存容量大，示教简单，节省工时。

(6) 点焊速度与生产线速度相匹配，且安全性能好。

2. 弧焊机器人

弧焊机器人是指用于进行自动弧焊的工业机器人。弧焊机器人的组成和原理与点焊机器人基本相同，20 世纪 80 年代中期，哈尔滨工业大学的蔡鹤皋、吴林等教授研制出了中国第一台弧焊机器人——华宇-Ⅰ型弧焊机器人。

一般的弧焊机器人是由示教盒、控制盘、机器人本体、自动送丝装置及焊接电源等部分组成的，可以在计算机的控制下实现连续轨迹控制和点位控制，还可以利用直线插补和圆弧插补功能焊接由直线及圆弧所组成的空间焊缝。弧焊机器人主要有熔化极焊接作业和非熔化极焊接作业两种类型，具有可长期进行焊接作业，保证焊接作业的高生产率、高质量和高稳定性等特点。随着技术的发展，弧焊机器人正向着智能化的方向发展。

弧焊机器人系统基本组成有机器人本体、控制系统、示教器、焊接电源、焊枪、焊接夹具和安全防护设施等。

系统组成还可根据焊接方法的不同以及具体待焊工件焊接工艺要求的不同等情况，选择性扩展以下装置：送丝机、清枪剪丝装置、冷却水箱、焊剂输送和回收装置SAW(Submerged ARC Welding，埋弧焊)、移动装置、焊接变位机、传感装置和除尘装置等。

二、机器人用NBM-350R焊丝焊接参数调节

1. 单脉冲(ϕ0.8焊丝)

ϕ0.8焊丝参数如表6-1所示。

表6-1 ϕ0.8焊丝参数(单脉冲)

标定预置电压/V	标定电压模拟值/V	标定预置电流/A	标定电流模拟值/A
11	0.84	150	5.68
19	1.42	175	6.63
24.5	1.89	200	7.61
27.9	2.2	225	8.55
32.5	2.87	250	9.45

2. 双脉冲(ϕ0.8焊丝)

ϕ0.8 焊丝参数如表6-2所示。

表6-2 ϕ0.8焊丝参数(双脉冲)

标定预置电压/V	标定电压模拟值/V	标定预置电流/A	标定电流模拟值/A
13.1	1.08	150	5.68
20.6	1.57	175	6.63
26.7	2.09	200	7.61
29.8	2.43	225	8.55
33.8	3.17	250	9.45

3. 平特性非脉冲(ϕ0.8焊丝)

ϕ0.8焊丝参数如表6-3所示。

表6-3 ϕ0.8焊丝参数(平特性非脉冲)

标定预置电压/V	标定电压模拟值/V	标定预置电流/A	标定电流模拟值/A
14	1.05	80	3.09
16.9	1.29	100	3.84
20	1.52	125	4.77
22.1	1.69	150	5.68
23.5	1.81	175	6.63
25	1.93	200	7.61
26.5	2.08	225	8.55
28.2	2.23	250	9.45

4. 不锈钢平特性(ϕ0.8 焊丝)

ϕ0.8 焊丝 80%Ar + 20%CO_2 参数如表 6-4 所示。

表 6-4　ϕ0.8 焊丝 80%Ar + 20%CO_2 参数(不锈钢平特性)

标定预置电压/V	标定电压模拟值/V	标定预置电流/A	标定电流模拟值/A	焊接速度(mm/min)
14	1.05	80	3.09	530 mm/min
14	1.05	80	3.09	680 mm/min
14	1.05	80	3.09	840 mm/min
12	0.85	70	2.60	680 mm/min

5. 单脉冲(ϕ1.0 焊丝)

ϕ1.0 焊丝参数如表 6-5 所示。

表 6-5　ϕ1.0 焊丝参数(单脉冲)

标定预置电压/V	标定电压模拟值/V	标定预置电流/A	标定电流模拟值/A
11	0.81	150	4.14
21.4	1.59	175	4.81
28	2.22	200	5.54
32.2	2.8	225	6.18
34.4	3.31	250	6.86
35.3	3.72	275	7.53
35.8	3.85	300	8.21
38.1	4.91	350	9.58

6. 双脉冲(ϕ1.0 焊丝)

ϕ1.0 焊丝参数如表 6-6 所示。

表 6-6　ϕ1.0 焊丝参数(双脉冲)

标定预置电压/V	标定电压模拟值/V	标定预置电流/A	标定电流模拟值/A
23.2	1.77	175	4.81
30.1	2.46	200	5.54
33.7	3.16	225	6.18
35.5	3.66	250	6.86
36.5	4.12	275	7.53
37.5	4.66	300	8.21
38.8	5.43	350	9.58

7. 平特性非脉冲(ϕ1.0 焊丝)

ϕ1.0 焊丝参数如表 6-7 所示。

表 6-7　ϕ1.0 焊丝参数(平特性非脉冲)

标定预置电压/V	标定电压模拟值/V	标定预置电流/A	标定电流模拟值/A
13	0.97	100	2.78
17.5	1.32	125	3.32
21	1.59	150	4.14
22	1.65	175	4.81
24	1.83	200	5.54
27	2.12	225	6.18
28	2.21	250	6.86
30	2.48	275	7.53
32	2.76	300	8.21
34	3.18	350	9.58

8. 不锈钢平特性(ϕ1.0 焊丝)

ϕ1.0 焊丝 80%Ar+20%CO_2 参数如表 6-8 所示。

表 6-8　ϕ1.0 焊丝 80%Ar + 20%CO_2 参数(不锈钢平特性)

标定预置电压/V	标定电压模拟值/V	标定预置电流/A	标定电流模拟值/A
16.5	1.23	125	3.46
20	1.5	150	4.26
22	1.65	175	4.81
23	1.73	200	5.53

9. 单脉冲(ϕ1.2 焊丝)

ϕ1.2 焊丝参数如表 6-9 所示。

表 6-9　ϕ1.2 焊丝参数(单脉冲)

标定预置电压/V	标定电压模拟值/V	标定预置电流/A	标定电流模拟值/A
16.5	1.25	175	3.38
26.1	2	200	3.88
28.2	2.2	225	4.33
34.4	3.01	250	4.82
35.2	3.55	275	5.28
36.7	4.24	300	5.79
37.6	4.7	325	6.26
38.3	5.11	350	6.72

10. 双脉冲(ϕ1.2 焊丝)

ϕ1.2 焊丝参数如表 6-10 所示。

表 6-10　ϕ1.2 焊丝参数(双脉冲)

标定预置电压/V	标定电压模拟值/V	标定预置电流/A	标定电流模拟值/A
18.4	1.38	175	3.38
27.7	2.23	200	3.88
30.2	2.47	225	4.33
34.3	3.33	250	4.82
36.1	3.93	275	5.28
37.6	4.7	300	5.79
38.5	5.2	325	6.26
39.1	5.66	350	6.72

11. 平特性非脉冲(ϕ1.2 焊丝)

ϕ1.2 焊丝参数如表 6-11 所示。

表 6-11　ϕ1.2 焊丝参数(平特性非脉冲)

标定预置电压/V	标定电压模拟值/V	标定预置电流/A	标定电流模拟值/A
13.4	0.99	125	2.44
18.2	1.37	150	2.91
20	1.51	175	3.38
21.7	1.66	200	3.88
24.5	1.9	225	4.33
27	2.1	250	4.82
28.5	2.25	275	5.28
29.6	2.39	300	5.79
31.5	2.65	325	6.26
32.9	2.9	350	6.72

三、焊接方法及工艺

1. 焊接方法及基础原理

焊接是通过加热或加压或两者并用，用(或不用)填充材料将同种(或异种)金属材料实现原子之间结合的加工方法。焊接方法种类很多，按其过程特点不同，可分为熔焊、压力焊和电弧焊三大类，其中，压力焊和熔焊在汽车及零部件生产中应用非常广泛。

1) 压力焊

在焊接过程中对焊件施加压力(加热或不加热)以完成焊接的方法，称为压焊。加热压焊有电阻焊、气压焊、高频焊、锻焊、接触焊、摩擦焊等；不加热压焊的方法有冷压焊、超声波焊、爆炸焊等。压力焊主要应用为电阻点焊，在汽车及零部件生产中最为常见。

2) 熔焊

将待焊处的母材金属熔化以形成焊缝的焊接方法称为熔焊。常见的熔焊方法有电弧焊、电渣焊、激光焊、电子束焊等。电弧焊又可分为熔化极焊和非熔化极焊，熔化极焊即焊丝或焊条既是电极又是填充金属(如 CO_2 气体保护焊)。在目前的工业生产中，由于 CO_2 气体保护焊成本低，焊缝质量比较好，其应用非常广泛。本项目的应用就是基于 CO_2 气体保护焊的机器人自动焊接。CO_2 气体保护焊的基本原理如图 6-3 所示。

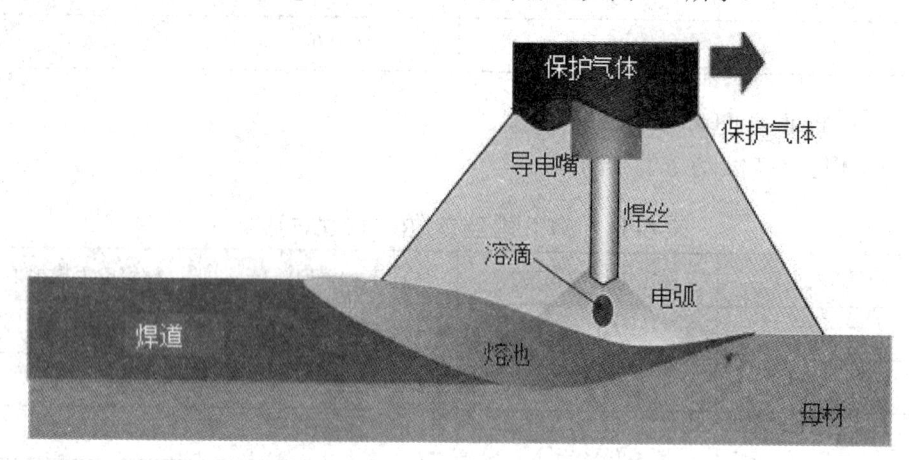

图 6-3　CO_2 气体保护焊的基本原理

3) 电弧焊

电弧指在两极间产生强烈而持久的气体放电现象。母材指被焊接金属；熔滴指焊丝先端受热后熔化，并向熔池过渡的液态金属滴；熔池指熔焊时焊件上所形成的具有一定几何形状的液态金属部分；保护气体指焊接中用于保护金属熔滴以及熔池免受外界有害气体(氢、氧、氮)侵入的气体。

2. CO_2 气体保护焊的焊接工艺

不同的焊接金属材料(母材)、板厚、接头形式、焊接位置和焊缝尺寸等，需要不同的焊接方法、焊接设备和焊接技术。

在 CO_2 气体保护焊中，由于焊件的厚度、结构的形式及使用方式不同，其接头形式与坡口形式也不相同。焊接接头的形式有多种，其中，主要的基本形式有对接接头、T 形接头、角接接头、搭接接头四种，如图 6-4 所示。有时，焊接结构中还有其他类型的接头形式，如十字接头、端接接头、斜对接接头、锁底对接接头等。

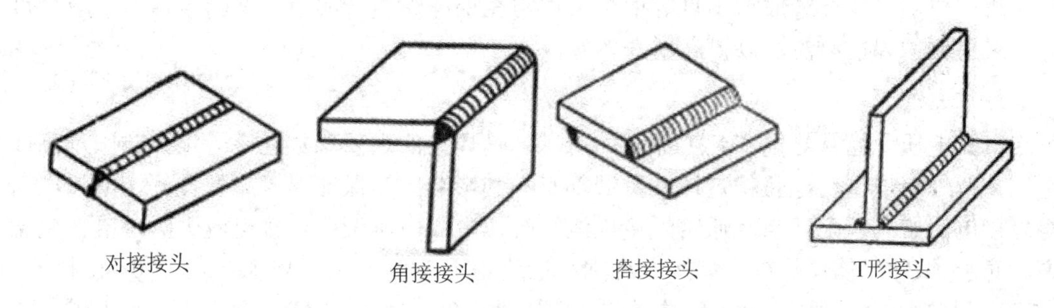

图 6-4　四种焊接接头形式

(1) 对接接头：两焊件端面相对平行的接头。对接接头是焊接结构中采用最多的一种接头形式。根据焊件的厚度、焊接方法和坡口准备的不同，对接接头可分为不开坡口和开坡口两种。当钢板厚度在 6 mm 以下时，一般不开坡口，只留 1 mm～2 mm 的焊缝间隙。

(2) 搭接接头：两焊件部分重叠构成的接头。不开坡口的搭接接头一般用于 12 mm 以下钢板。在汽车结构件生产中，板厚多为 3 mm 以内钣金件，搭接接头为常用的接头形式。

3. 影响 CO_2 气体保护焊的主要工艺参数

在进行 CO_2 气体保护焊时，合理地选择焊接参数是保证焊缝质量、提高生产效率的重要条件。CO_2 气体保护焊焊接的主要参数包括焊丝直径、焊接电流、电弧电压、焊接速度、焊丝伸出长度、气体流量、焊枪倾角等。工艺参数选择的主要根据是工件焊缝形式和钢板厚度。

1) 焊丝直径

焊丝直径越大，允许使用的焊接电流就越大，通常根据焊件的厚薄、施焊位置及效率等要求来选择。焊接薄板或中厚板的立、横、仰焊缝时，多采用直径 1.6 mm 以下的焊丝。焊接电流相同时，熔深随着焊丝直径的减小而增加。焊丝直径对焊丝的熔化速度也有明显的影响。当电流相同时，焊丝越细熔敷速度越高。目前，普遍采用的焊丝直径是 0.8 mm、1.0 mm、1.2 mm 和 1.6 mm 等。

2) 焊接电流

焊接电流是 CO_2 气体保护焊的重要焊接参数之一，应根据焊件厚度、材质、焊丝直径、施焊位置及要求的熔滴过渡形式来选择焊接电流的大小。对于薄板及中厚板全位置焊接，应选用短路过渡的焊接电流；对于厚板水平位置焊接，应选用细颗粒过渡或射流过渡的焊接电流。每种直径的焊丝都有一个合适的电流范围，只有在这个范围内焊接过程才能保持稳定进行。通常直径 0.8 mm～1.6 mm 的焊丝，短路过渡的焊接电流为 40 A～230 A，细颗粒过渡的焊接电流为 250 A～500 A。焊接电流的变化对焊缝成型产生影响，特别是对熔深有决定性影响。随着焊接电流的增加，熔深增加，熔宽略有增加，焊缝余高有所增加。但是应该注意，焊接电流过大时，容易引起烧穿、焊漏和裂纹等缺陷，且焊件的变形大，焊接过程中飞溅也很大；而焊接电流过小时，容易产生未焊透、未熔合和夹渣等缺陷以及焊缝成型不良等情况。通常在保证焊透、成型良好的条件下，应尽可能地采用大的焊接电流，以提高生产效率。

3) 电弧电压

电弧电压是指从导电嘴到工件间的电压，是焊接的重要参数之一。电弧电压过高或过低，对焊缝成型、电弧稳定性、飞溅都有不利影响。为保证焊缝成型良好，电弧电压与焊接电流必须匹配适当，通常焊接电流小时，电弧电压低；焊接电流大时，电弧电压高。对于 CO_2 气体保护焊，焊接电流(I)小于或等于 200 A 时，电弧电压为 $0.04I + 16 \pm 1.5$(V)；焊接电流(I)大于 200 A 时，电弧电压为 $0.04I + 20 \pm 2$(V)。焊接电压与电弧电压的匹配是否适当，应根据焊接前试焊发出的声音、手感、焊缝成型、飞溅大小来判断，并进行修正。试焊时飞溅较小，手感和声音柔和，焊接声音均匀、有规律，焊缝成型良好，说明焊接电压和电弧电压匹配；否则，应进行重新调整。随着电弧电压的增加，熔深减小，焊缝增宽。

4) 焊接速度

焊接速度是 CO_2 气体保护焊的重要工艺参数之一。焊接时电弧将熔化金属吹开，在电弧下形成一个凹坑，随后将熔化的焊丝金属填充进去，若焊接速度太快，凹坑不能完全被填满，将产生咬边、下陷或未熔合，或者由于保护气体破坏，产生气孔；若焊接速度太慢，熔敷金属堆积在电弧下方，熔深减小，产生焊缝不均匀以及未熔合、未焊透等缺陷。在焊丝直径、焊接电流、电弧电压不变的条件下，焊接速度增加，熔宽与熔深都减小。如果焊接速度过快，除产生咬边、未焊透、未熔合等缺陷外，由于保护效果变坏，还可能出现气孔；若焊接速度过慢，除降低生产效率外，焊接变形将会增大。一般机器人自动焊接时，$\phi1.0$ 的焊丝通常使用的焊接速度为(15～40)cm/min。

5) 焊丝伸出长度

焊丝伸出长度是指从导电嘴端部到焊丝端头之间的距离，又称干伸长。保持焊丝伸出长度不变，是保证焊接过程稳定的基本条件之一，合适的焊丝伸出长度为焊丝直径的 10～15 倍。焊丝伸出长度增加，焊接电流减小，飞溅大，母材熔深浅；焊丝伸出长度缩短，电弧电压减少，焊接电流增加，熔深大，飞溅少；焊丝伸出长度过短时，妨碍观察电弧，影响操作，易因导电嘴过热夹住焊丝，甚至烧损导电嘴。所以，焊丝伸出长度不是独立的焊接参数，通常根据焊接电流和保护气体流量来确定。

6) 气体流量

气体流量保护焊时，如果保护效果不好，将产生气孔，甚至使焊缝成型变差。CO_2 气体流量应根据对焊接区的保护效果来选取。流量的大小取决于接头形式、焊接工艺参数以及作业环境等因素，过大或过小的气体流量均影响保护效果，使焊缝产生缺陷。通常采用直径小于 1.6 mm 的焊丝焊接时，流量为(5～15)L/min；粗丝焊接时，流量约为 20 L/min。并不是流量越大保护效果越好。当保护气体流量超过临界值时，从喷嘴中喷出的保护气会由层流变成紊流，会将空气卷入保护区，降低保护效果，使焊缝中出现气孔，增加合金元素的烧损。影响气体保护焊效果的主要因素是风，风速小于 1.5 m/s 时，风对保护作用无影响；风速大于 2 m/s 时，焊缝气孔明显增加。

7) 焊枪倾角

焊接过程中焊枪轴线和焊缝轴线之间的夹角，称为焊枪的倾斜角度，简称焊枪倾角。焊枪倾角是不容忽视的因素。焊枪倾角在 80°～110° 时，不论是前倾还是后倾，焊枪的倾角对焊接过程及焊缝成型都没有明显影响；倾角过大时，将对焊缝成型产生影响。如前倾角增大时，将增加熔宽和减少熔深，还会增加飞溅。当焊枪与焊件成后倾角时(电弧始终指向已焊部分)，焊缝窄，余高大，熔深较大，焊缝成型不好；当焊枪与焊件成前倾角时(电弧始终指向待焊部分)，焊缝宽，余高小，熔深较浅，焊缝成型好。

直线焊接焊枪的运动方向有两种：一种是焊枪自右向左移动，称为左焊法；另一种是焊枪自左向右移动，称为右焊法，如图 6-5 所示。

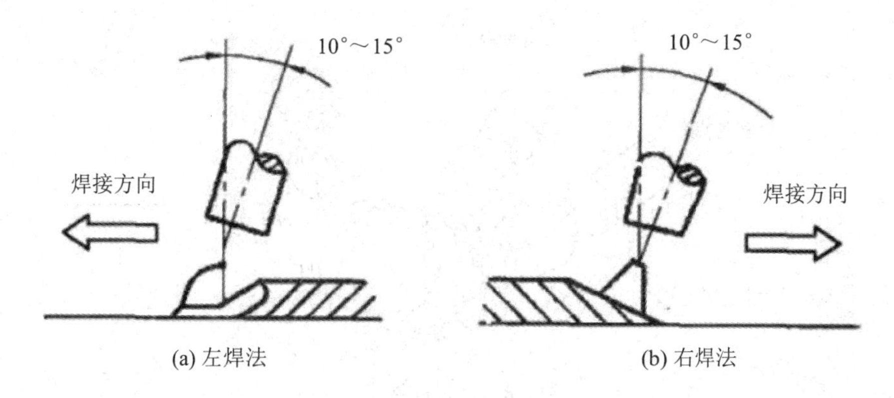

(a) 左焊法　(b) 右焊法

图 6-5　焊枪倾角

CO_2 气体保护焊时，通常采用左焊法。左焊法时，焊枪采用前倾角，不仅可得到较好的焊缝成型，而且能够清楚地观察和控制熔池。

采用右焊法时，熔池能得到良好的保护，且加热集中，热量可以充分利用，并由于电弧的吹力作用，将熔池金属推向后方，可以得到外形比较丰满的焊缝。但右焊法不易准确掌握焊接方向，容易焊偏，尤其是对接焊缝更为明显。而采用左焊法时，电弧对焊件金属有预热作用，能得到较大的熔深，焊缝形状得到改善。左向焊时虽然观察熔池比较困难，但能清楚地掌握焊接方向，不易焊偏。一般 CO_2 气体保护半自动焊都采用带有前倾角的左焊法，其前倾角为 10°～15°。

4. 机器人 CO_2 焊的焊接速度

焊接速度是机器人焊接最重要的参数，一般地说，较低的焊接速度，焊接规范容易调节，机器人焊接追求的目标是(0.6～1.5) m/min，焊接速度越高，参数组合越困难。同时，对焊枪的行走角(焊枪倾角)、焊丝伸出长度等均有很大影响。

四、焊枪标定

随着焊接工业自动化的发展，机器人在焊接生产中得到了越来越广泛的应用。机器人末端通过安装不同的操作工具来完成各种作业任务。对于焊接机器人，焊枪是完成焊接任务必不可少的工具。工具参数的准确度直接影响着机器人焊枪的轨迹精度，所以准确、快速的标定方法对机器人的现场应用具有重要意义。

1. 焊枪的测量标定方法

首先，在安装焊枪后，需要对 6 轴重新校准，保证 6 轴在 0° 时，焊枪轴线不向左右偏斜，这会给标定及编程都带来极大的方便。

2. 三点标定法

设定焊枪尖端(工具坐标系的 X、Y、Z)，进行示教，使参考点 1、2、3 以不同的姿态指向一点，如图 6-6 所示。由此，自动计算 TCP 的位置。要进行正确设定，应尽量使三个趋势方向各不相同。三点示教法中，只可以设定焊枪尖端点(X、Y、Z)。在焊枪姿态(A、B、C)中输入标准值(0，0，0)。在设定完位置后，以六点示教法或者直接示教法来指定焊枪的姿态。

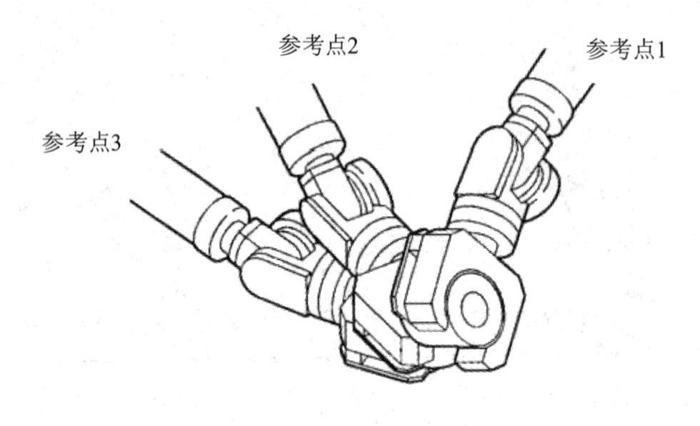

图 6-6　三点标定法

3. 六点标定法

与三点示教法同理，设定焊枪尖端，然后设定焊枪的姿态(A、B、C)。进行示教，使 A、B、C 成为空间上的任意一点、平行于工具坐标系的 X 轴方向的一点、XZ 平面上的一点，如图 6-7 所示。此时，通过基坐标系和关节坐标系进行示教，以使焊枪的倾斜度保持不变。

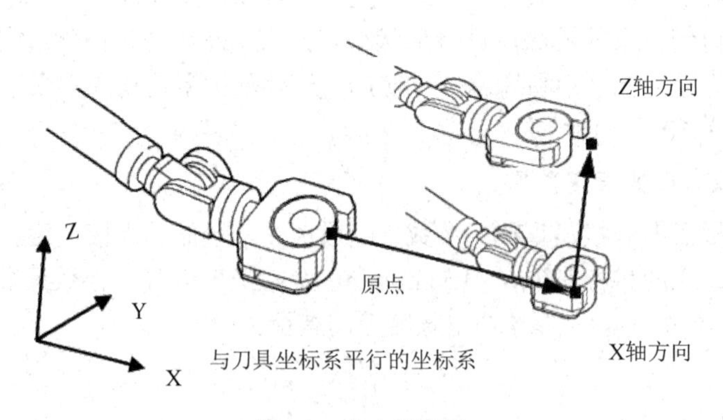

图 6-7　六点标定法

五、工件标定

工件坐标系是由用户在工件空间定义的一个笛卡尔坐标系。工件坐标包括：(X，Y，

Z)，用来表示距原点的位置；(A，B，C)，用来表示绕 X、Y、Z 轴旋转的角度。与工具坐标系相同，机器人控制系统支持 16 个工件坐标系的设定，每个工件坐标系可以属于不同的组号，也可为每个工件坐标系添加相应的注释说明。

单击“设置”→“工件坐标系”即可进入工件坐标系界面，如图 6-8 所示，窗口右边上部显示所有工件坐标系，下部显示当前选中工件号的坐标值。当窗口中的工件号变动时，窗口的坐标值也随之变化。

工件坐标设定

工件0 工件1 工件2 工件3 工件4 工件5 工件6 工件7 工件8 工件9

工件0

X	0.0
Y	0.0
Z	0.0
A	0.0
B	0.0
C	0.0

清除坐标 坐标标定

确认 取消

图 6-8 工件坐标系界面

工件坐标系可以用以下两种方式进行标定。

1. 三点法

将第一个标定点定为工件坐标系 X 轴的起点(如图 6-9 所示)，将工具 TCP(工具坐标系中心点)沿工件坐标系+X 方向移动一定距离作为 X 方向延伸点，再从工件坐标系 XOY 平面第一或第二象限内选取任意点作为 Y 方向延伸点。第一个标定点为工件坐标系绝对原点。由此三个点即可标定出工件坐标系。

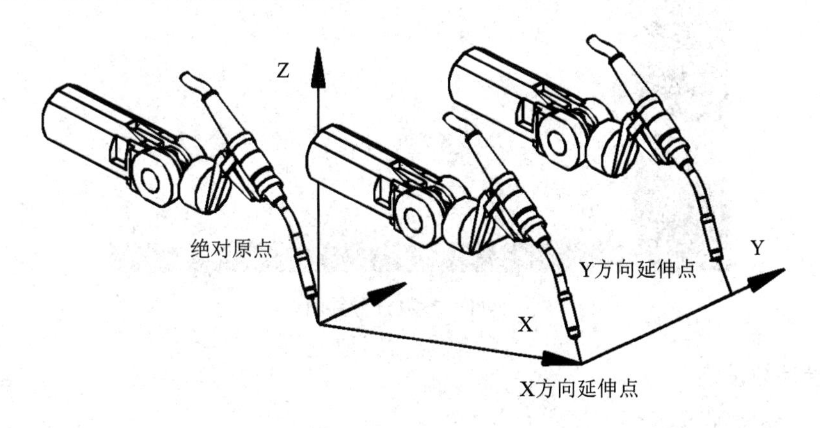

图 6-9 工件三点标定法

2. 四点法

将第一个点作为相对原点，将工具 TCP 沿工件坐标系+X 方向移动一定距离作为 X 方向延伸点，再从工件坐标系 XOY 平面第一或第二象限内选取任意点作为 Y 方向延伸点，最后操作机器人到第四个点，作为绝对原点。由此四个点标定出工件坐标系，如图 6-10 所示。

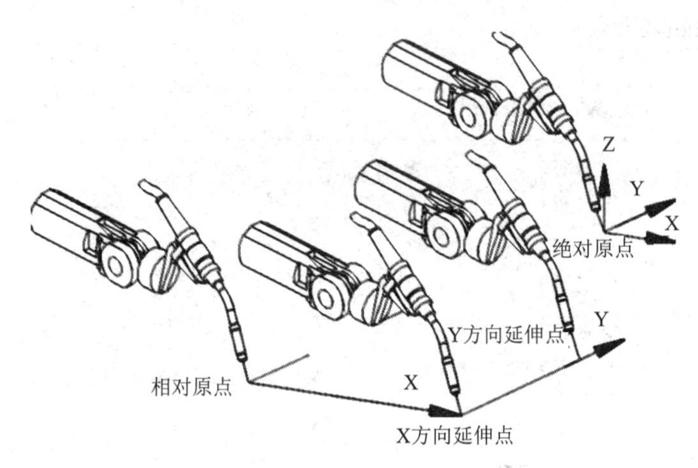

图 6-10　工件四点标定法

六、弧焊参数设定及示教程序编程

单击示教器“参数设置”按钮进入参数设置界面，选择“焊接参数”进行参数设置，如图 6-11 所示。

图 6-11　参数设置界面

1. 焊接参数设定

焊接相关参数如下：

参数号：90010　　焊枪开关信号 Y[m,n]　　　设定值：2.6

参数号：90011　保护气开关信号 Y[m,n]　设定值：2.0
参数号：90012　手动进丝信号 Y[m,n]　设定值：2.5
参数号：90013　手动退丝信号 Y[m,n]　设定值：2.7
参数号：90020　电压给定模拟量输出起始组 Y[m]　设定值：4
参数号：90030　电压给定模拟量输出起始组 Y[m]　设定值：6

2. 电压电流标定(以平特性非脉冲，ϕ1.0 焊丝为例)

参数号：90021　电压输出最大指令值　设定值：34.0
参数号：90022　电压输出最小指令值　设定值：13.0
参数号：90023　电压信号最大参考值　设定值：3.18
参数号：90024　电压信号最小参考值　设定值：0.97
参数号：90031　电流输出最大指令值　设定值：350.0
参数号：90032　电流输出最小指令值　设定值：100.0
参数号：90033　电流信号最大指令值　设定值：9.58
参数号：90034　电流信号最小指令值　设定值：2.78

技能训练　机器人弧焊程序的编写与调试

一、实训目的

(1) 掌握弧焊程序编写方法。
(2) 掌握弧焊程序示教及调试方法。

二、实训器材

HSR-JR612 焊接工业机器人、焊接设备。

三、实训注意事项

(1) 现场操作安全保护符合安全操作规程，正确佩戴安全防护用具，符合安全操作工业机器人要求。
(2) 工具摆放整齐，示教器放置在正确位置。
(3) 台面无残留线头、螺丝、接线端子等物品，爱惜设备和器材，保持工位的整洁。
(4) 工业机器人停止位置为零点位置，不超出台面。

四、实训操作

1. 弧焊程序的编写

单击示教器界面上的“示教”按钮，进入示教界面，单击下方的“新建程序”按钮，将程序命名为 test，如图 6-12 所示。

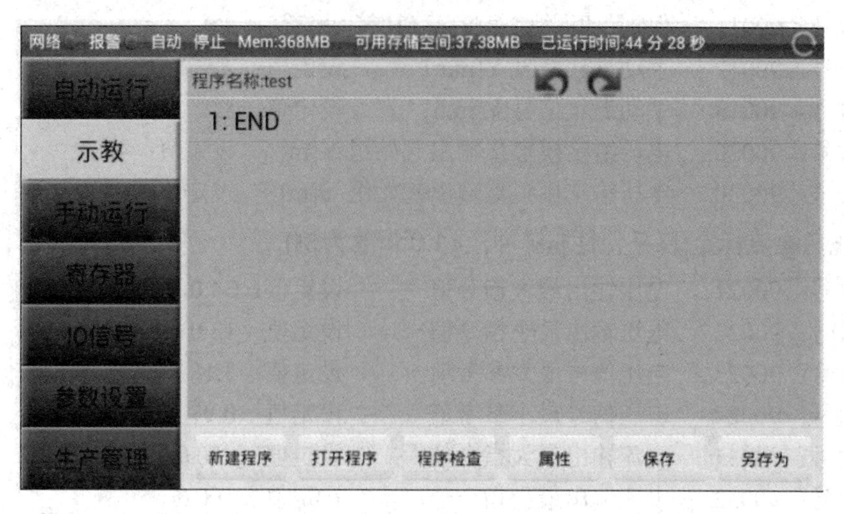

图 6-12　新建程序的示教界面

1) 焊接指令

起弧指令：Arc_Start[V,A]。

其中，V：焊接电压，为(0.0～50.0)V。

　　　A：焊接电流，为(0.0～450.0)A。

收弧指令：Arc_End[V,A,sec]。

其中，V：收弧电压，为(0.0～50.0)V。

　　　A：收弧电流，为(0.0～450.0)A。

　　sec：收弧时间，为(0.0～9.9)sec。

2) 程序示例

1：Y[02.3]=ON

2：L P[1]500mm/sec FINE

3：L P[2]500mm/sec FINE

4：ARC_START[24V，200A]

5：L P[3]500mm/sec FINE

6：ARC_END[24V，200A，0sec]

7：L P[4]500mm/sec FINE\

8：END

第一行 Y[02，3]=ON 表示设置焊接方式为无脉冲。P[1]为调节位置的点，位于 P[2]点上方的某一合适位置。当运动到 P[2]点(焊接起始点)以后，ARC_START[24V，200A]表示打开弧焊，接着步 L P[3]500mm/sec FINE 表示在弧焊下朝 P[3]点(焊接结束点)移动。到达 P[3]点以后，ARC_END[24V，200A，0sec]表示关闭弧焊。P[4]500mm/sec FINE 表示将焊枪从 P[3]点上移到 P[4]位置，至此整个程序结束。

2. 弧焊程序示教及运行调试

单击示教器界面中的“自动运行”按钮，加载 test 程序，如图 6-13 所示。

图 6-13　自动运行加载程序界面

五、实训考核

根据完成实训综合情况，给予考核，考核细则及评分如表 6-12 所示。

表 6-12　实训考核表

序号	考核内容	分值	自评	互评	师评
基 本 素 养(30 分)					
序号	考核内容	分值	自评	互评	师评
1	纪律(无迟到、早退、旷课)	10			
2	安全操作规范	10			
3	参与度、团队协作能力、沟通交流能力	10			
理 论 知 识(30 分)					
序号	考核内容	分值	自评	互评	师评
1	焊接机器人组成和特点	10			
2	焊接机器人焊接工艺	10			
3	焊接机器人焊接参数要求	10			
技 能 操 作(40 分)					
序号	考核内容	分值	自评	互评	师评
1	焊接机器人焊接参数设置	10			
2	焊接机器人焊接工艺是否符合要求	10			
3	焊接机器人程序编写	20			
总分		100			

项 目 小 结

通过本实训项目，学生主要学习了焊接工业机器人焊接方法及工艺要求，以及使用工业机器人焊接指令正确编写焊接程序。

思 考 与 练 习

1. 简述焊接方法及工艺要求。
2. 简述焊接机器人参数调节方法。
3. 简述焊接机器人示教编程的基本操作。

实训项目七　工业机器人综合应用

项目分析

随着电子、汽车、军工及重工等行业的飞速发展，这些行业中小零件的上料、搬运、加工、检测和分类存储等环节已从原来的人工操作转变到现在的全自动化操作，这样不仅能大大节约企业的生产成本，还减轻了人工劳动强度，提高了标准化的精度，也提高了企业的生产效率。因此，将工业控制环节中的相关设备与工业机器人进行有机结合，就能实现一些综合应用项目，扩展工业机器人的应用场合，满足工业机器人应用市场新的需求。

本项目着重对工业机器人、自动上料模块、视觉检测模块、工件码垛模块、立体仓库模块和总控模块进行综合的应用，完成工业机器人的示教编程、控制系统调试、视觉系统调试、总控系统调试等相关任务。

知识目标

(1) 了解工业机器人职业技能平台的应用。

(2) 掌握工业机器人职业技能平台的操作与相关设置。

能力目标

能够独立进行工业机器人职业技能平台的联调。

任务　工业机器人综合应用

任务目标

本项目将以工业机器人职业技能平台为例，如图 7-1 所示，介绍综合调试的步骤和方法，使读者能够独立完成工业机器人职业技能平台的综合应用。本系统由工业机器人、机器人工装夹具、自动上料模块、模拟喷涂模块、视觉检测模块、仓库模块、总控上位机、码垛弧形工作台、视觉 PC 平台、操作面板等组成。工业机器人系统设备相互连接的拓扑结构如图 7-2 所示。

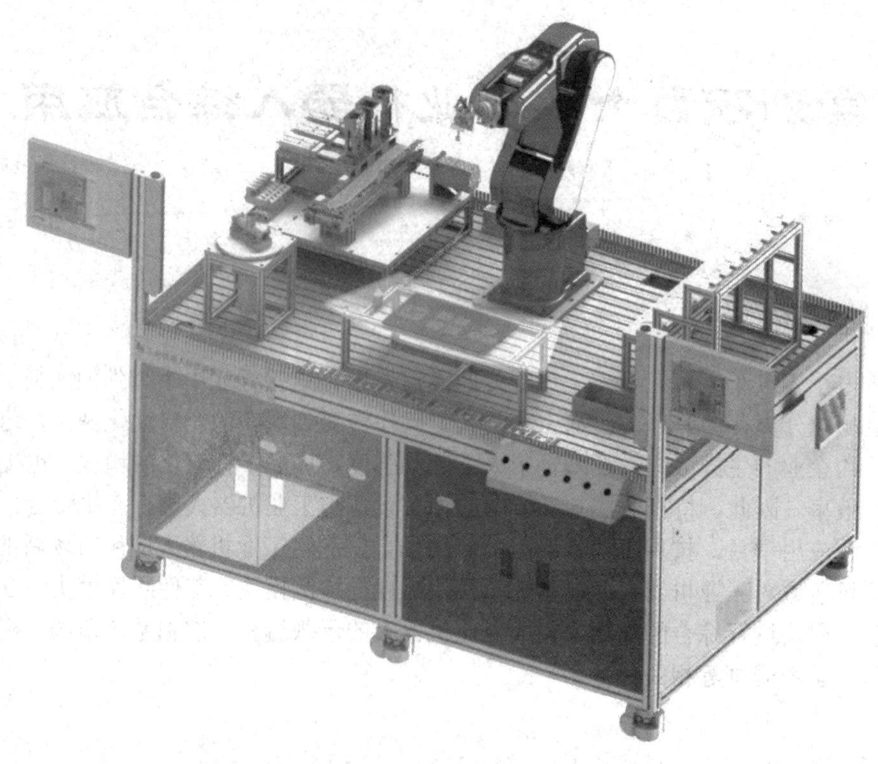

图 7-1　工业机器人职业技能平台

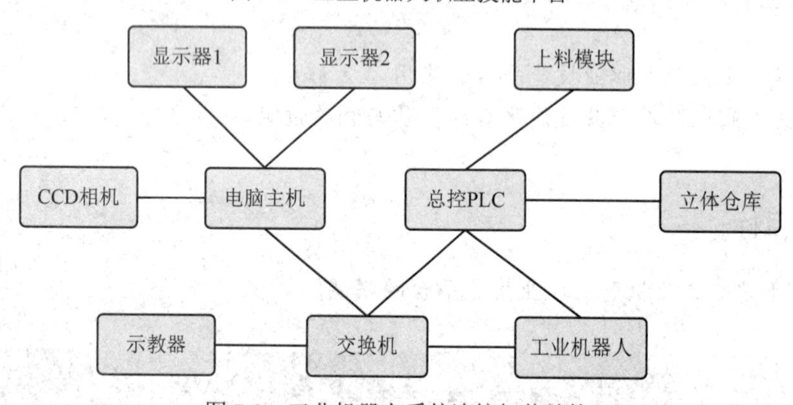

图 7-2　工业机器人系统连接拓扑结构

知识链接　总控软件介绍

华数机器人软件的总控界面如图 7-3 所示。界面右侧包含 4 项内容：运行窗口、工单配置＆手动调试、IO 状态和报警信息。左侧状态栏包含模式、当前运行程序、机器人坐标、PLC 报警和机器人报警。底部信息区包括圆形、方形、矩形工件的工单任务数量，剩余的圆形、方形、矩形工件的工单任务数量和 IR1、IR2，其中，IR1 是机器人功能执行命令寄存器，IR2 是机器人功能执行命令反馈寄存器。

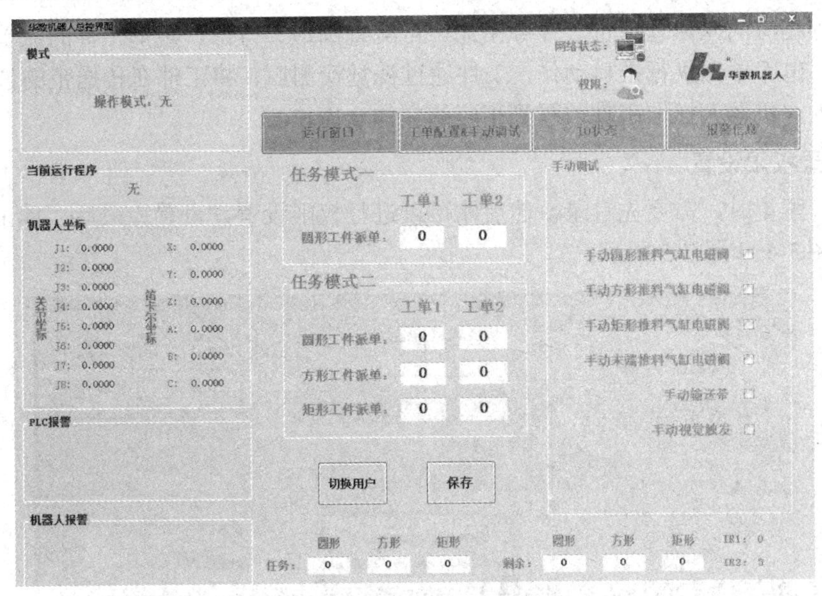

图 7-3　总控界面

技能训练　工业机器人综合应用

一、实训目的

(1) 掌握总控软件的使用方法。

(2) 掌握机器人、总控软件等的联动方法。

二、实训器材

工业机器人职业技能平台。

三、实训注意事项

(1) 现场操作安全保护符合安全操作规程，正确佩戴安全防护用具，符合安全操作工业机器人要求。

(2) 工具摆放整齐，示教器放置在正确位置。

(3) 台面无残留线头、螺丝、接线端子等物品，爱惜设备和器材，保持工位的整洁。

(4) 工业机器人停止位置为零点位置，不超出台面。

四、实训操作

1. 分析需求

根据任务需求对圆形工件、矩形工件和方形工件进行自动检测和存放。首先完成工单配置，包括任务模式一和任务模式二。任务模式一只要求配置圆形工件的派单数量。派单完成后，出库单元执行推料动作，工件通过视觉检测后，运行到传送带尾端，机器人抓取工件放置到相应的立体仓库位。任务模式二可配置圆形、方形、矩形工件的派单数量。派单完成后，出库单元执行推料动作，工件通过视觉检测后，将工件在传送带的位置信息传送给机器人，机器人抓取工件放置到相应的立体仓库位。

2. 登录权限设置

在进行配置时，需要先登录，然后才可以进行权限设置，设置完成后，单击“保存”按钮，如图 7-4 和图 7-5 所示。

图 7-4　登录权限设置

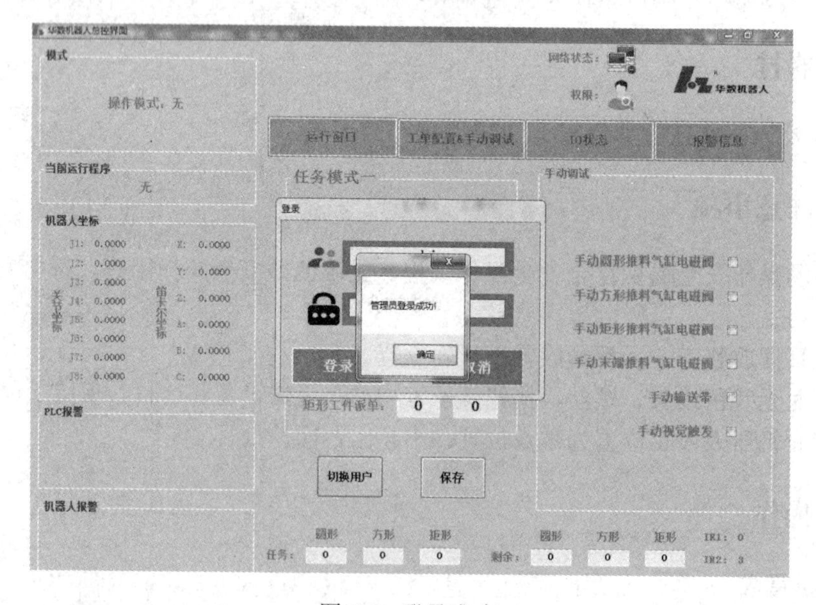

图 7-5　登录成功

3. 选择工单模式

在进行综合联调运行时，需要选择正确的工单模式去运行，如图 7-6 所示。

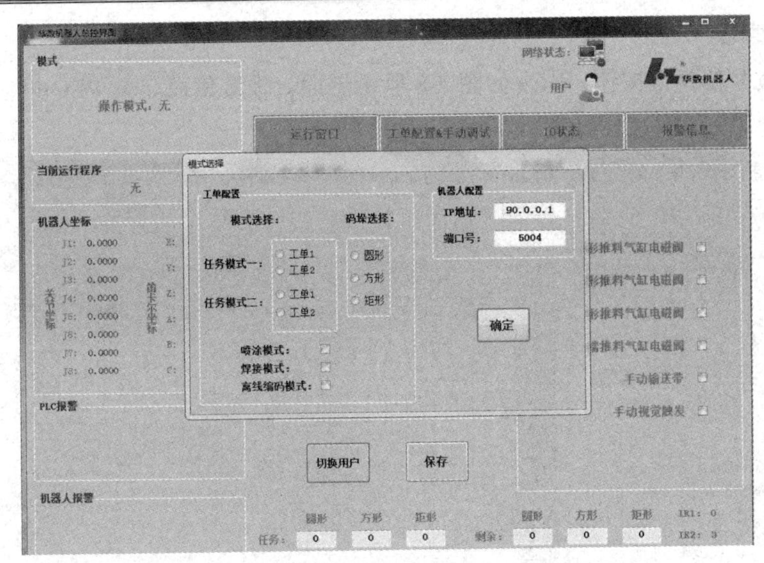

图 7-6　选择工单模式

4. 手动调试

手动调试栏包括手动圆形推料气缸电磁阀、手动方形推料气缸电磁阀、手动矩形推料气缸电磁阀，选择这些项目后，就可以对上料平台进行出料。手动输送带可对传送带进行启停控制。

5. 查看 IO 状态

单击“IO 状态”按钮，出现如图 7-7 所示界面。IO 状态显示总控 PLC 的部分输入输出状态，输入包括机器人状态信息(运行、停止、暂停和使能等状态)、安全光栅、机器人反馈编码信息。输出包括机器人执行指令状态、机器人命令执行编码、推料气缸电磁阀控制状态、视觉触发状态。通过此界面可实时查看运行中的 IO 状态。(信号表见附录表 A-6)

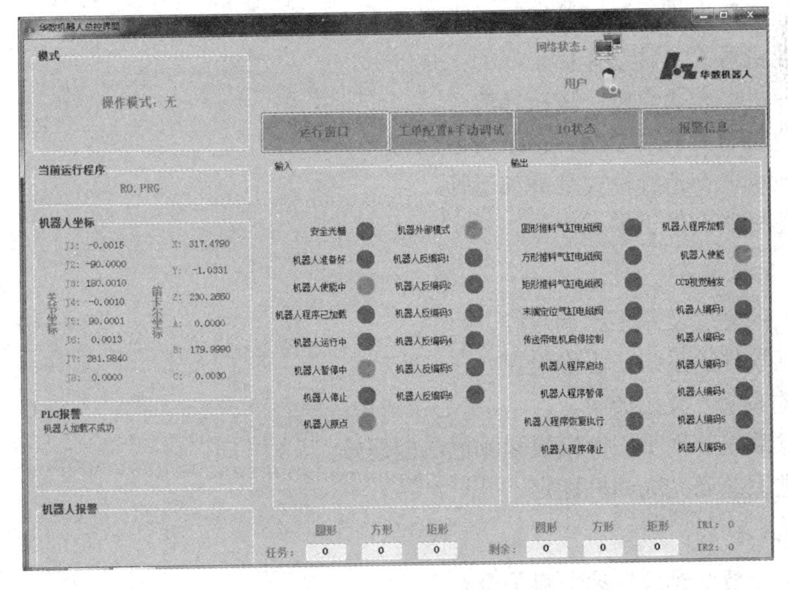

图 7-7　IO 状态界面

6. 报警信息

单击“报警信息”按钮，出现如图 7-8 所示界面。报警信息包括 PLC 报警信息框和机器人报警信息框。

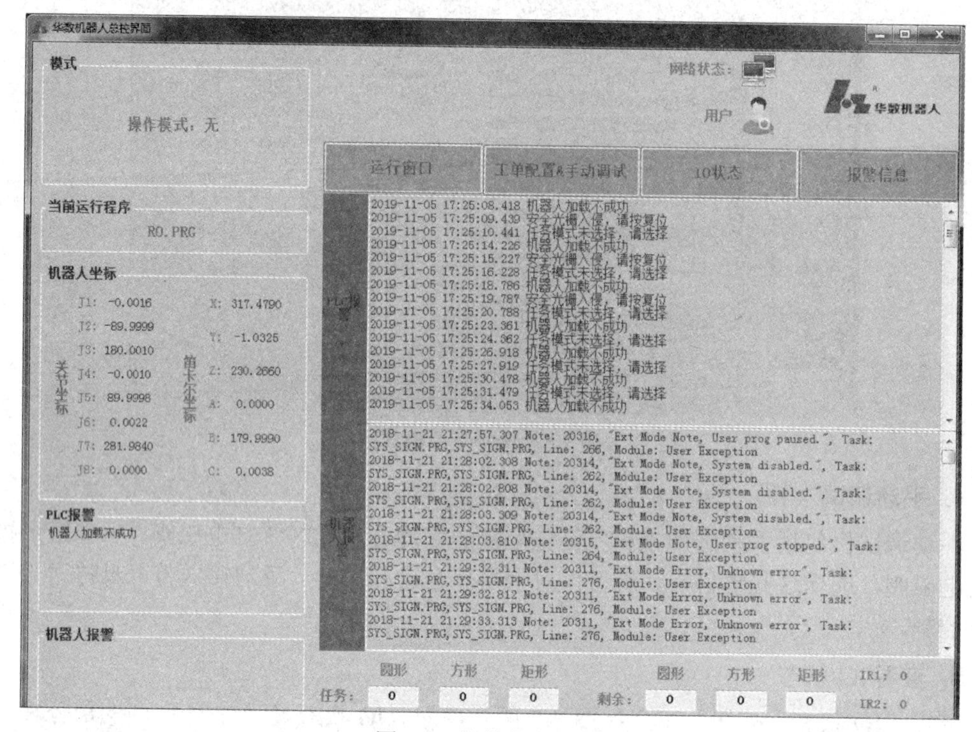

图 7-8　报警信息界面

7. 联调准备

1) 工业机器人准备

(1) 工业机器人程序已示教编程，见附录 B。

(2) 工业机器人工具选择标定好的工具坐标。

(3) 工业机器人“急停”按钮释放。

(4) 工业机器人 EXT PRG 变量已经设置好。

(5) 工业机器人运行模式是外部运行。

(6) 工业机器人处于零点位置。

2) 视觉系统准备

(1) 相机的亮度及焦距已调整好。

(2) 视觉软件的系统已正确设置。

(3) 视觉系统方案已加载。

(4) 视觉系统的视觉工件模板和颜色已创建好。

(5) 视觉系统已完成相机标定。

3) 其他准备

(1) 工件已放在对应自动上料平台。

(2) 总控单元没有报警。

(3) 平台联调模式选择自动模式。

(4) 工单任务已配置好。

8. 联调步聚

(1) 按下“启动”按钮，再按下“复位”按钮。

(2) 在弹出的“模式选择”界面选择正确工单，系统会根据工单任务自动执行。

(3) 完成一个工单任务后，按下“停止”按钮。

(4) 根据下一个工单任务，再次执行上述(1)～(3)的步骤。

9. 总控单元的手动功能调试

通过总控软件手动调试界面，实现总控控制圆形推料气缸出料、方形推料气缸出料、矩形推料气缸出料、传送带启停控制等功能。

10. 根据要求完成以下任务，实现工业机器人的综合应用

1) 智能视觉系统的调试与应用

(1) 完成视觉软件调整，在软件中能够实时查看相机下方传送带上的物料图像，要求物料图像清晰。

(2) 完成视觉系统的设定，正确加载方案。

(3) 完成视觉系统的模板设置。

(4) 完成视觉系统的相机标定。

2) 工业机器人编程与调试

根据任务要求编写相应程序，逐一将传送带的工件搬运到立体仓库或余料的指定位置。编写程序所需要的取放料的编码定义、夹具 IO 地址等信息见附录 A。

要求：

(1) 工作流程的起始点为机器人零点位置。

(2) 选择标定的工具坐标系进行工件的抓取和释放。

(3) 工业机器人自动完成夹爪工具的抓取动作。

(4) 取料点位置信息由视觉系统传送给工业机器人(LR[1])，不需要示教，其他点位信息需要示教设置。

(5) 根据整体流程图(如图 7-9 所示)，操作机器人完成工单任务。在机器人工单任务中，总控 PLC 与机器人的交互信号参考附录 A。

(6) 工业机器人取料及放料时，需由垂直方向进行。

(7) 工业机器人在取料及放料时，只有接收到反馈信号后，才能执行下一步动作。

(8) 当工单设置中工件数量多于仓库数量的时候，需要将其放入余料位置。

(9) 工业机器人自动完成夹具的放回动作。

(10) 工作流程的结束点为机器人零点位置。

总控派单后，机器人执行对应工单程序，工件出库，传感器检测到工件的位置信息后，总控 PLC 根据程序启动机器人抓取工件，同时将仓库位置信息传送给机器人，机器人根据指令将工件放入仓库或放入余料位置。

整个过程不得发生碰撞干扰，工件不可掉落。

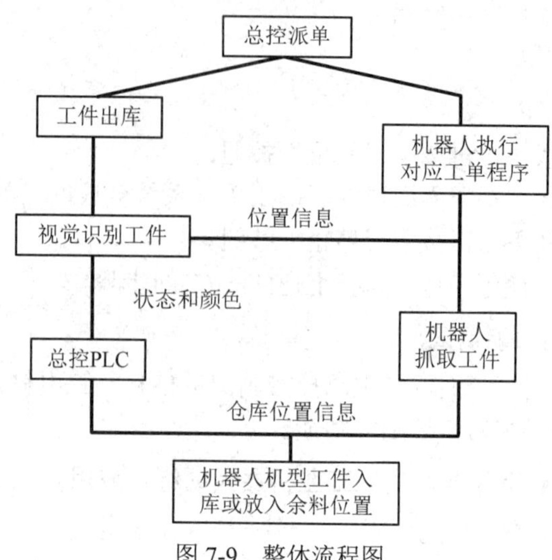

图 7-9　整体流程图

五、实训考核

根据完成实训综合情况，给予考核，考核细则及评分如表 7-1 所示。

表 7-1　实训考核表

基 本 素 养(30 分)					
序号	考核内容	分值	自评	互评	师评
1	纪律(无迟到、早退、旷课)	10			
2	安全操作规范	10			
3	参与度、团队协作能力、沟通交流能力	10			
理 论 知 识(30 分)					
序号	考核内容	分值	自评	互评	师评
1	坐标模式的选择	10			
2	坐标系的选择	10			
3	运行模式的选择	10			
技 能 操 作(40 分)					
序号	考核内容	分值	自评	互评	师评
1	总控触摸屏结果	10			
2	手动模式	10			
3	自动模式	10			
4	取料点和放料点准确性	10			
总分		100			

项 目 小 结

本项目着重对工业机器人、自动上料模块、视觉检测模块、工件码垛模块、立体仓库模块和总控模块进行综合的应用；完成工业机器人的示教编程、控制系统调试、视觉系统调试、总控系统调试等相关任务。

思 考 与 练 习

1. 总控单元在手动调试下可以实现哪些功能？
2. 简述工业机器人综合应用联调的准备和步骤。

附录A　工业机器人部分参数表

表 A-1　操作调整工鉴定平台主要功能模块 IP 地址分配表

序　号	名　称	IP 地址分配	备　注
1	工业机器人	90.0.0.1	
2	总控 PLC	192.168.0.1	
3	计算机	192.168.0.20	
90.0.0.X	同机器人网段		
4	CCD 视觉相机	自动获取	
5	上位机软件	192.168.0.20	

表 A-2　机器人取放料编码定义表

IR[1]	编码定义	IR[2]	编码定义
1	呼叫执行取料	1	呼叫执行取料反馈
2	执行取料	2	执行取料中
3	呼叫取料完成反馈	3	呼叫取料完成
4	取料完成已确认	4	取料完成确认
5	放料完成反馈	5	放料完成
6		6	
7	呼叫放圆形蓝 1	7	呼叫放圆形蓝 1 反馈
8	执行放圆形蓝 1	8	执行放圆形蓝 1 中
9	呼叫放圆形蓝 2	9	呼叫放圆形蓝 2 反馈
10	执行放圆形蓝 2	10	执行放圆形蓝 2 中
11	呼叫放圆形红 1	11	呼叫放圆形红 1 反馈
12	执行放圆形红 1	12	执行放圆形红 1 中
13	呼叫放圆形红 2	13	呼叫放圆形红 2 反馈
14	执行放圆形红 2	14	执行放圆形红 2 中
15	呼叫放方形蓝 1	15	呼叫放方形蓝 1 反馈
16	执行放方形蓝 1	16	执行放方形蓝 1 中

续表一

IR[1]	编码定义	IR[2]	编码定义
17	呼叫放方形蓝 2	17	呼叫放方形蓝 2 反馈
18	执行放方形蓝 2	18	执行放方形蓝 2 中
19	呼叫放方形红 1	19	呼叫放方形红 1 反馈
20	执行放方形红 1	20	执行放方形红 1 中
21	呼叫放方形红 2	21	呼叫放方形红 2 反馈
22	执行放方形红 2	22	执行放方形红 2 中
23	呼叫放矩形蓝 1	23	呼叫放矩形蓝 1 反馈
24	执行放矩形蓝 1	24	执行放矩形蓝 1 中
25	呼叫放矩形蓝 2	25	呼叫放矩形蓝 2 反馈
26	执行放矩形蓝 2	26	执行放矩形蓝 2 中
27	呼叫放矩形蓝 3	27	呼叫放矩形蓝 3 反馈
28	执行放矩形蓝 3	28	执行放矩形蓝 3 中
29	呼叫放矩形蓝 4	29	呼叫放矩形蓝 4 反馈
30	执行放矩形蓝 4	30	执行放矩形蓝 4 中
31	呼叫放矩形红 1	31	呼叫放矩形红 1 反馈
32	执行放矩形红 1	32	执行放矩形红 1 中
33	呼叫放矩形红 2	33	呼叫放矩形红 2 反馈
34	执行放矩形红 2	34	执行放矩形红 2 中
35	呼叫放矩形红 3	35	呼叫放矩形红 3 反馈
36	执行放矩形红 3	36	执行放矩形红 3 中
37	呼叫放矩形红 4	37	呼叫放矩形红 4 反馈
38	执行放矩形红 4	38	执行放矩形红 4 中
39	呼叫执行圆形码垛	39	呼叫执行圆形码垛反馈
40	执行圆形码垛	40	执行圆形码垛中
41	圆形码垛完成反馈	41	圆形码垛完成
42	呼叫执行方形码垛	42	呼叫执行方形码垛反馈
43	执行方形码垛	43	执行方形码垛中
44	执行方形码垛完成反馈	44	执行方形码垛完成

续表二

IR[1]	编码定义	IR[2]	编码定义
45	呼叫执行矩形码垛	45	呼叫执行矩形码垛反馈
46	执行矩形码垛	46	执行矩形码垛中
47	执行矩形码垛反馈	47	执行矩形码垛
48	呼叫执行喷涂	48	呼叫执行喷涂反馈
49	执行喷涂	49	执行喷涂中
50	执行喷涂完成反馈	50	执行喷涂完成
51	呼叫执行模式一子程序	51	呼叫执行模式一子程序反馈
52	执行模式一子程序	52	执行模式一子程序中
54	呼叫执行模式二子程序	54	呼叫执行模式二子程序反馈
55	执行模式二子程序	55	执行模式二子程序中
56	呼叫执行离线编程	56	呼叫执行离线编程反馈
57	执行离线编程	57	执行离线编程中
58	执行离线编程反馈	58	执行离线编程完成
60	呼叫放余料	60	呼叫放余料反馈
61	执行放余料	61	执行放余料中
62	呼叫执行焊接	62	呼叫执行焊接反馈
63	执行焊接	63	执行焊接中
64	执行焊接反馈	64	执行焊接完成

表 A-3　工业机器人 JR 寄存器定义表

JR 序号	定　义	JR 序号	定　义
JR[1]	机器人原点	JR[7]	模式 1-放余料预备点
JR[2]	模式二-取料预备点	JR[8]	码垛取料预备点
JR[3]	模式二-放料预备点	JR[9]	码垛放料预备点
JR[4]	模式二-放余料预备点	JR[10]	
JR[5]	模式一-取料预备点	JR[11]	
JR[6]	模式一-放料预备点	JR[12]	

表 A-4　工业机器人 LR 寄存器定义表

LR 序号	定　义	LR 序号	定　义
LR[1]	模式二-取料点	LR[28]	
LR[2]	模式二-取料上方	LR[29]	
LR[3]	模式一-取料点	LR[30]	模式一-圆蓝 1 放料点
LR[4]	模式一-取料上方	LR[31]	模式一-圆蓝 2 放料点
LR[5]	模式二-放余料位	LR[32]	模式一-圆红 1 放料点
LR[6]	模式一-放余料位	LR[33]	模式一-圆红 2 放料点
LR[7]		LR[40]	圆蓝 1 仓储取料位
LR[8]		LR[41]	圆蓝 2 仓储取料位
LR[9]		LR[42]	圆红 1 仓储取料位
LR[10]	模式二-圆蓝 1 放料点	LR[43]	圆红 2 仓储取料位
LR[11]	模式二-圆蓝 2 放料点	LR[44]	方蓝 1 仓储取料位
LR[12]	模式二-圆红 1 放料点	LR[45]	方蓝 2 仓储取料位
LR[13]	模式二-圆红 2 放料点	LR[46]	方红 1 仓储取料位
LR[14]	模式二-方蓝 1 放料点	LR[47]	方红 2 仓储取料位
LR[15]	模式二-方蓝 2 放料点	LR[48]	矩蓝 1 仓储取料位
LR[16]	模式二-方红 1 放料点	LR[49]	矩蓝 2 仓储取料位
LR[17]	模式二-方红 2 放料点	LR[50]	矩蓝 3 仓储取料位
LR[18]	模式二-矩蓝 1 放料点	LR[51]	矩蓝 4 仓储取料位
LR[19]	模式二-矩蓝 2 放料点	LR[52]	矩红 1 仓储取料位
LR[20]	模式二-矩蓝 3 放料点	LR[53]	矩红 2 仓储取料位
LR[21]	模式二-矩蓝 4 放料点	LR[54]	矩红 3 仓储取料位
LR[22]	模式二-矩红 1 放料点	LR[55]	矩红 4 仓储取料位
LR[23]	模式二-矩红 2 放料点	LR[60]	圆蓝 1 码垛位
LR[24]	模式二-矩红 3 放料点	LR[61]	圆蓝 2 码垛位
LR[25]	模式二-矩红 4 放料点	LR[62]	圆红 1 码垛位
LR[26]		LR[63]	圆红 2 码垛位
LR[27]		LR[64]	方蓝 1 码垛位

续表

LR 序号	定　义	LR 序号	定　义
LR[65]	方蓝 2 码垛位	LR[71]	矩蓝 4 码垛位
LR[66]	方红 1 码垛位	LR[72]	矩红 1 码垛位
LR[67]	方红 2 码垛位	LR[73]	矩红 2 码垛位
LR[68]	矩蓝 1 码垛位	LR[74]	矩红 3 码垛位
LR[69]	矩蓝 2 码垛位	LR[75]	矩红 4 码垛位
LR[70]	矩蓝 3 码垛位	LR[99]	增量 50 mm

表 A-5　工业机器人夹具 IO 地址信息表

序号	机器人 PLC 信号	定　义	D_IN[i]/D_OUT[i] 对应机器人
1	X2.0	真空反馈	D_IN[17]
2	Y2.0	激光笔开关	D_OUT[17]
3	Y2.1	喷涂开关	D_OUT[18]
4	Y2.2	真空发生	D_OUT[19]
5	Y2.3	真空破坏	D_OUT[20]

表 A-6　PLC 与机器人 IO 信号表

PLC 输出	机器人输入	定　义
Q1.1	X0.0	机器人程序启动
Q2.0	X0.1	机器人程序暂停
Q2.1	X0.2	机器人程序恢复执行
Q2.2	X0.3	机器人程序停止
Q2.3	X0.4	机器人程序加载
Q2.4	X0.5	机器人使能
Q3.0	X3.0	机器人接收编码 1
Q3.1	X3.1	机器人接收编码 2
Q3.2	X3.2	机器人接收编码 3
Q3.3	X3.3	机器人接收编码 4
Q3.4	X3.4	机器人接收编码 5

续表

PLC 输出	机器人输入	定　义
Q3.5	X3.5	机器人接收编码 6
Q3.6	X3.6	机器人接收编码 7
I6.5	Y3.5	机器人反馈编码 6
I6.6	Y3.6	机器人反馈编码 7
I5.0	Y1.2	机器人准备好
I5.1	Y0.1	机器人使能中
I5.2	Y0.2	机器人程序已加载
I5.3	Y0.5	机器人运行中
I5.4	Y0.7	机器人暂停中
I5.5	Y1.0	机器人未加载
I5.6	Y1.1	机器人原点
I5.7	Y1.5	机器人外部模式
I6.0	Y3.0	机器人反馈编码 1
I6.1	Y3.1	机器人反馈编码 2
I6.2	Y3.2	机器人反馈编码 3
I6.3	Y3.3	机器人反馈编码 4
I6.4	Y3.4	机器人反馈编码 5

附录B　工业机器人部分参考程序

模式一程序：

```
IR[2]=51                                   '模式一反馈
WHILE IR[2]<>52                            '模式一子程序中
IF IR[1]=52 THEN                           '模式一子程序
IR[2]=52                                   '执行模式一子程序中
END IF
SLEEP 100
END WHILE
WHILE TRUE
'机器人取料
WHILE IR[1]<>4                             '取料完成已确认
MOVE ROBOT   JR[1]                         '机器人原点
WHILE IR[2]<>1
IF IR[1]=1 THEN                            '呼叫执行取料
IR[2]=1                                    '呼叫执行取料反馈
END IF
SLEEP 100
END WHILE
MOVE ROBOT   JR[5]                         '模式一取料预备点
WHILE IR[2]<>2                             '执行取料中
IF IR[1]=2 THEN                            '执行取料
IR[2]=2                                    '执行取料中
END IF
SLEEP 100
END WHILE
IR[2]=2                                    '执行取料中
MOVE ROBOT   LR[4]                         '取料点上方
MOVES ROBOT   LR[3]VTRAN=IR[10]            '取料点
DELAY ROBOT 1
D_OUT[19] = ON                             '真空发生
D_OUT[20] = OFF
DELAY ROBOT 200
CALL WAIT(D_IN[17],ON)                     '真空反馈
```

```
MOVES ROBOT   LR[4]                 '取料点上方
MOVE ROBOT   JR[5]                  '模式一取料预备点

SLEEP 200
IR[2]=3                             '呼叫取料完成
WHILE IR[1]<>3                      '呼叫取料完成反馈
SLEEP 100
END WHILE
IR[2]=4                             '呼叫取料完成
WHILE IR[1]<>4                      '呼叫取料完成已确认
SLEEP 100
END WHILE
SLEEP 100
END WHILE
IR[2]=0
'机器人放料
'放圆形蓝 1
WHILE IR[1]<>5                      '放料完成反馈
IF IR[1]=7 THEN                     '呼叫放圆形蓝 1
MOVE ROBOT   JR[6]                  '模式一放料预备点
DELAY ROBOT 1
SLEEP 1
WHILE IR[1]<>5                      '放料完成反馈
IR[2]=7                             '呼叫放圆形蓝 1 反馈
WHILE IR[2]<>8                      '执行放圆形蓝 1 中
IF IR[1]=8 THEN                     '执行放圆形蓝 1
IR[2]=8                             '执行放圆形蓝 1 中
END IF
SLEEP 100
END WHILE
MOVE ROBOT   LR[30]+LR[99]          '放料点上方
MOVES ROBOT   LR[30]VTRAN=IR[10]    '放料点
DELAY ROBOT 1
D_OUT[19] = OFF                     '真空关闭
D_OUT[20] = ON                      '真空破坏开启
DELAY ROBOT 500
```

```
CALL WAIT(D_IN[17],OFF)              '真空关闭反馈
D_OUT[20] = OFF                      '真空破坏关闭
MOVES ROBOT  LR[30]+LR[99]           '放料点上方
MOVE ROBOT  JR[6]                    '模式一放料预备点

SLEEP 1
IR[2]=5                              '放料完成
MOVE ROBOT  JR[1]                    '机器人原点
SLEEP 100
END WHILE
END IF
'放圆形蓝 2
IF IR[1]=9 THEN                      '呼叫放圆形蓝 2
MOVE ROBOT  JR[6]                    '模式一放料预备点
DELAY ROBOT 1
SLEEP 1
WHILE IR[1]<>5                       '放料完成反馈
IR[2]=9                              '呼叫放圆形蓝 2 反馈
WHILE IR[2]<>10                      '执行放圆形蓝 2 中
IF IR[1]=10 THEN                     '执行放圆形蓝 2
IR[2]=10                             '执行放圆形蓝 2 中
END IF
SLEEP 100
END WHILE
MOVE ROBOT  LR[31]+LR[99]            '取料点上方
MOVES ROBOT  LR[31]VTRAN=IR[10]      '放料点
DELAY ROBOT 1
D_OUT[19] = OFF                      '真空关闭
D_OUT[20] = ON                       '真空破坏开启
DELAY ROBOT 500
CALL WAIT(D_IN[17],OFF)              '真空关闭反馈
D_OUT[20] = OFF                      '真空破坏关闭
MOVES ROBOT  LR[31]+LR[99]           '放料点上方
MOVE ROBOT  JR[6]                    '模式一放料预备点
SLEEP 1
IR[2]=5                              '放料完成
```

```
MOVE ROBOT    JR[1]                            '机器人原点
SLEEP 100
END WHILE
END IF
'放圆形红 1
IF IR[1]=11 THEN                               '呼叫放圆形红 1
DELAY ROBOT 1
SLEEP 1
MOVE ROBOT    JR[6]                            '模式一放料预备点
WHILE IR[1]<>5                                 '放料完成反馈
IR[2]=11                                       '呼叫放圆形红 1 反馈
WHILE IR[2]<>12                                '执行放圆形红 1 中
IF IR[1]=12 THEN                               '执行放圆形红 1
IR[2]=12                                       '执行放圆形红 1 中
END IF
SLEEP 100
END WHILE
MOVE ROBOT    LR[32]+LR[99]                    '放料点上方
MOVES ROBOT    LR[32]VTRAN=IR[10]              '放料点
DELAY ROBOT 1
D_OUT[19] = OFF                                '真空关闭
D_OUT[20] = ON                                 '真空破坏开启
DELAY ROBOT 500
CALL WAIT(D_IN[17],OFF)                        '真空关闭反馈
D_OUT[20] = OFF                                '真空破坏关闭
MOVES ROBOT    LR[32]+LR[99]                   '放料点上方
MOVE ROBOT    JR[6]                            '模式一放料预备点
SLEEP 1
IR[2]=5                                        '放料完成
MOVE ROBOT    JR[1]                            '机器人原点
SLEEP 100
END WHILE
END IF
'放圆形红 2
IF IR[1]=13 THEN                               '呼叫放圆形红 2
DELAY ROBOT 1
```

```
SLEEP 1
MOVE ROBOT    JR[6]                          '模式一放料预备点
WHILE IR[1]<>5                               '放料完成反馈
IR[2]=13                                     '呼叫放圆形红 2 反馈
WHILE IR[2]<>14                              '执行放圆形红 2 中
IF IR[1]=14 THEN                             '执行放圆形红 2
IR[2]=14                                     '执行放圆形红 2 中
END IF
SLEEP 100
END WHILE
MOVE ROBOT    LR[33]+LR[99]                  '放料点上方
MOVES ROBOT    LR[33]VTRAN=IR[10]            '放料点
DELAY ROBOT 1
D_OUT[19] = OFF                              '真空关闭
D_OUT[20] = ON                               '真空破坏开
DELAY ROBOT 500
CALL WAIT(D_IN[17],OFF)                      '真空关闭关
D_OUT[20] = OFF                              '真空破坏关闭
MOVES ROBOT    LR[33]+LR[99]                 '放料点上方
MOVE ROBOT    JR[6]                          '模式一放料预备点
SLEEP 1
IR[2]=5                                      '放料完成
MOVE ROBOT    JR[1]                          '机器人原点
SLEEP 100
END WHILE
END IF
'放余料
IF IR[1]=60 THEN                             '呼叫放余料
MOVE ROBOT    JR[1]
MOVE ROBOT    JR[7]                          '模式一放余料预备点
DELAY ROBOT 1
SLEEP 1
WHILE IR[1]<>5                               '放料完成反馈
IR[2]=60                                     '呼叫放余料反馈
WHILE IR[2]<>61                              '执行放余料中
IF IR[1]=61 THEN                             '执行放余料
```

```
IR[2]=61                                        '执行放圆形红 2 中
END IF
SLEEP 100
END WHILE
MOVES ROBOT   LR[6]+LR[99] VTRAN=150            '模式一放余料点上方
MOVES ROBOT   LR[6]VTRAN=IR[10]                 '模式一放余料点
DELAY ROBOT 1
D_OUT[19] = OFF                                 '真空关闭
D_OUT[20] = ON                                  '真空破坏开
DELAY ROBOT 500
CALL WAIT(D_IN[17],OFF)                         '真空关闭关
D_OUT[20] = OFF                                 '真空破坏关闭
MOVES ROBOT   LR[6]+LR[99]                      '模式一放余料点上方
MOVE ROBOT   JR[7]                              '模式一放余料预备点
SLEEP 1
IR[2]=5                                         '放料完成
MOVE ROBOT   JR[1]                              '机器人原点
SLEEP 100
END WHILE
END IF
SLEEP 100
END WHILE
IR[2]=0                                         '放料完成标志位
SLEEP 100
END WHILE
END SUB
```

模式二程序：

```
IR[2]=54                                        '模式二执行反馈
WHILE IR[2]<>55                                 '模式二子程序中
IF IR[1]=55 THEN                                '模式二子程序
IR[2]=55                                        '模式二子程序中
END IF
SLEEP 100
END WHILE
WHILE TRUE
'机器人取料
```

```
WHILE IR[1]<>4                                  '取料完成已确认
MOVE ROBOT    JR[1]                             '机器人原点
WHILE IR[2]<>1
IF IR[1]=1 THEN                                 '呼叫执行取料
IR[2]=1                                         '呼叫执行取料反馈
END IF
SLEEP 100
END WHILE
MOVE ROBOT    JR[2]                             '模式二取料预备点
WHILE IR[2]<>2                                  '执行取料中
IF IR[1]=2 THEN                                 '执行取料
IR[2]=2                                         '执行取料中
END IF
SLEEP 100
END WHILE
SLEEP 1
LR[2]=LR[1]+#{0,0,30,0,0,0}
MOVE ROBOT    LR[2]                             '取料点上方
MOVES ROBOT    LR[1] VTRAN=100                  '取料点
DELAY ROBOT 1
D_OUT[19] = ON                                  '真空发生
D_OUT[20] = OFF
DELAY ROBOT 200
CALL WAIT(D_IN[17],ON)                          '真空反馈
MOVES ROBOT    LR[2]                            '取料上方
MOVE ROBOT    JR[2]                             '模式二取料预备点
IR[2]=3                                         '呼叫取料完成
WHILE IR[1]<>3                                  '呼叫取料完成反馈
SLEEP 100
END WHILE
IR[2]=4
WHILE IR[1]<>4                                  '呼叫取料完成已确认
SLEEP 100
END WHILE
SLEEP 100
END WHILE
```

```
IR[2]=0
'机器人放料
WHILE IR[1]<>5                        '放料完成反馈
'放圆形蓝 1
IF IR[1]=7 THEN                       '呼叫放圆形蓝 1
MOVE ROBOT    JR[3]                   '模式二放料准备
DELAY ROBOT 1
SLEEP 1
WHILE IR[1]<>5                        '放料完成反馈
IR[2]=7                               '呼叫放圆形蓝 1 反馈
WHILE IR[2]<>8                        '执行放圆形蓝 1 中
IF IR[1]=8 THEN                       '执行放圆形蓝 1
IR[2]=8                               '执行放圆形蓝 1 中
END IF
SLEEP 100
END WHILE
MOVE ROBOT    LR[10]+LR[99]           '放料点上方
MOVES ROBOT    LR[10]VTRAN=IR[10]     '放料点
DELAY ROBOT 1
D_OUT[19] = OFF                       '真空关闭
D_OUT[20] = ON                        '真空破坏开启
DELAY ROBOT 500
CALL WAIT(D_IN[17],OFF)               '真空关闭反馈
D_OUT[20] = OFF                       '真空破坏关闭
MOVES ROBOT    LR[10]+LR[99]          '放料点上方
MOVE ROBOT    JR[3]                   '放料预备点
SLEEP 1
IR[2]=5                               '放料完成
MOVE ROBOT    JR[1]                   '机器人原点
SLEEP 100
END WHILE
END IF
'放圆形蓝 2
IF IR[1]=9 THEN                       '呼叫放圆形蓝 2
MOVE ROBOT    JR[3]                   '模式二放料准备
DELAY ROBOT 1
```

```
SLEEP 1
WHILE IR[1]<>5                         '放料完成反馈
IR[2]=9                                '呼叫放圆形蓝 2 反馈
WHILE IR[2]<>10                        '执行放圆形蓝 2 中
IF IR[1]=10 THEN                       '执行放圆形蓝 2
IR[2]=10                               '执行放圆形蓝 2 中
END IF
SLEEP 100
END WHILE
MOVE ROBOT   LR[11]+LR[99]             '放料点上方
MOVES ROBOT   LR[11]VTRAN=IR[10]       '放料点
DELAY ROBOT 1
D_OUT[19] = OFF                        '真空关闭
D_OUT[20] = ON                         '真空破坏开启
DELAY ROBOT 500
CALL WAIT(D_IN[17],OFF)                '真空关闭反馈
D_OUT[20] = OFF                        '真空破坏关闭
MOVES ROBOT   LR[11]+LR[99]            '放料点上方
MOVE ROBOT   JR[3]                     '模式二放料准备
SLEEP 1
IR[2]=5                                '放料完成
MOVE ROBOT   JR[1]                     '机器人原点
SLEEP 100
END WHILE
END IF
'放圆形红 1
IF IR[1]=11 THEN                       '呼叫放圆形红 1
MOVE ROBOT   JR[3]                     '模式二放料准备
DELAY ROBOT 1
SLEEP 1
WHILE IR[1]<>5                         '放料完成反馈
IR[2]=11                               '呼叫放圆形红 1 反馈
WHILE IR[2]<>12                        '执行放圆形红 1 中
IF IR[1]=12 THEN                       '执行放圆形红 1
IR[2]=12                               '执行放圆形红 1 中
END IF
```

```
SLEEP 100
END WHILE
MOVE ROBOT    LR[12]+LR[99]                '放料点上方
MOVES ROBOT    LR[12]VTRAN=IR[10]          '放料点
DELAY ROBOT 1
D_OUT[19] = OFF                            '真空关闭
D_OUT[20] = ON                             '真空破坏开启
DELAY ROBOT 500
CALL WAIT(D_IN[17],OFF)                    '真空关闭反馈
D_OUT[20] = OFF                            '真空破坏关闭
MOVES ROBOT    LR[12]+LR[99]               '放料点上方
MOVE ROBOT    JR[3]                        '模式二放料准备
SLEEP 1
IR[2]=5                                    '放料完成
MOVE ROBOT    JR[1]                        '机器人原点
SLEEP 100
END WHILE
END IF
'放圆形红 2
IF IR[1]=13 THEN                           '呼叫放圆形红 2
MOVE ROBOT    JR[3]                        '模式二放料
DELAY ROBOT 1
SLEEP 1
WHILE IR[1]<>5                             '放料完成反馈
IR[2]=13                                   '呼叫放圆形红 2 反馈
WHILE IR[2]<>14                            '执行放圆形红 2 中
IF IR[1]=14 THEN                           '执行放圆形红 2
IR[2]=14                                   '执行放圆形红 2 中
END IF
SLEEP 100
END WHILE
MOVE ROBOT    LR[13]+LR[99]                '放料点上方
MOVES ROBOT    LR[13]VTRAN=IR[10]          '放料点
DELAY ROBOT 1
D_OUT[19] = OFF                            '真空关闭
D_OUT[20] = ON                             '真空破坏开启
```

```
DELAY ROBOT 500
CALL WAIT(D_IN[17],OFF)                 '真空关闭反馈
D_OUT[20] = OFF                         '真空破坏关闭
MOVES ROBOT  LR[13]+LR[99]              '放料点上方
MOVE ROBOT  JR[3]                       '模式二放料准备
SLEEP 1
IR[2]=5                                 '放料完成
MOVE ROBOT  JR[1]                       '机器人原点
SLEEP 100
END WHILE
END IF
'放方形蓝 1
IF IR[1]=15 THEN                        '呼叫放方形蓝 1
MOVE ROBOT  JR[3]                       '模式二放料准备
DELAY ROBOT 1
SLEEP 1
WHILE IR[1]<>5                          '放料完成反馈
IR[2]=15                                '呼叫放方形蓝 1 反馈
WHILE IR[2]<>16                         '执行放方形蓝 1 中
IF IR[1]=16 THEN                        '执行放方形蓝 1
IR[2]=16                                '执行放方形蓝 1 中
END IF
SLEEP 100
END WHILE
MOVE ROBOT  LR[14]+LR[99]               '放料点上方
MOVES ROBOT  LR[14]VTRAN=IR[10]         '放料点
DELAY ROBOT 1
D_OUT[19] = OFF                         '真空关闭
D_OUT[20] = ON                          '真空破坏开启
DELAY ROBOT 500
CALL WAIT(D_IN[17],OFF)                 '真空关闭反馈
D_OUT[20] = OFF                         '真空破坏关闭
MOVES ROBOT  LR[14]+LR[99]              '放料点上方
MOVE ROBOT  JR[3]                       '模式二放料准备
SLEEP 1
IR[2]=5                                 '放料完成
```

```
MOVE ROBOT    JR[1]                        '机器人原点
SLEEP 100
END WHILE
END IF
'放方形蓝 2
IF IR[1]=17 THEN                           '呼叫放方形蓝 2
MOVE ROBOT    JR[3]                        '模式二放料准备
DELAY ROBOT 1
SLEEP 1
WHILE IR[1]<>5                             '放料完成反馈
IR[2]=17                                   '呼叫放方形蓝 2 反馈
WHILE IR[2]<>18                            '执行放方形蓝 2 中
IF IR[1]=18 THEN                           '执行放方形蓝 2
IR[2]=18                                   '执行放方形蓝 2 中
END IF
SLEEP 100
END WHILE
MOVE ROBOT    LR[15]+LR[99]                '放料点上方
MOVES ROBOT    LR[15]VTRAN=IR[10]          '放料点
DELAY ROBOT 1
D_OUT[19] = OFF                            '真空关闭
D_OUT[20] = ON                             '真空破坏开启
DELAY ROBOT 500
CALL WAIT(D_IN[17],OFF)                    '真空关闭反馈
D_OUT[20] = OFF                            '真空破坏关闭
MOVES ROBOT    LR[15]+LR[99]               '放料点上方
MOVE ROBOT    JR[3]                        '模式二放料准备
SLEEP 1
IR[2]=5                                    '放料完成
MOVE ROBOT    JR[1]                        '机器人原点
SLEEP 100
END WHILE
END IF
'放方形红 1
IF IR[1]=19 THEN                           '呼叫放方形红 1
MOVE ROBOT    JR[3]                        '模式二放料准备
```

```
DELAY ROBOT 1
SLEEP 1
WHILE IR[1]<>5                          '放料完成反馈
IR[2]=19                                '呼叫放方形红 1 反馈
WHILE IR[2]<>20                         '执行放方形红 1 中
IF IR[1]=20 THEN                        '执行放方形红 1
IR[2]=20                                '执行放方形红 1 中
END IF
SLEEP 100
END WHILE
MOVE ROBOT    LR[16]+LR[99]             '放料点上方
MOVES ROBOT    LR[16]VTRAN=IR[10]       '放料点
DELAY ROBOT 1
D_OUT[19] = OFF                         '真空关闭
D_OUT[20] = ON                          '真空破坏开启
DELAY ROBOT 500
CALL WAIT(D_IN[17],OFF)                 '真空关闭反馈
D_OUT[20] = OFF                         '真空破坏关闭
MOVES ROBOT    LR[16]+LR[99]            '放料点上方
MOVE ROBOT    JR[3]                     '模式二放料准备
SLEEP 1
IR[2]=5                                 '放料完成
MOVE ROBOT    JR[1]                     '机器人原点
SLEEP 100
END WHILE
END IF
'放方形红 2
IF IR[1]=21 THEN                        '呼叫放方形红 2
MOVE ROBOT    JR[3]                     '模式二放料准备
DELAY ROBOT 1
SLEEP 1
WHILE IR[1]<>5                          '放料完成反馈
IR[2]=21                                '呼叫放方形红 2 反馈
WHILE IR[2]<>22                         '执行放方形红 2 中
IF IR[1]=22 THEN                        '执行放方形红 2
IR[2]=22                                '执行放方形红 2 中
```

```
END IF
SLEEP 100
END WHILE
MOVE ROBOT    LR[17]+LR[99]            '放料点上方
MOVES ROBOT    LR[17]VTRAN=IR[10]      '放料点
DELAY ROBOT 1
D_OUT[19] = OFF                        '真空关闭
D_OUT[20] = ON                         '真空破坏开启
DELAY ROBOT 500
CALL WAIT(D_IN[17],OFF)                '真空关闭反馈
D_OUT[20] = OFF                        '真空破坏关闭
MOVES ROBOT    LR[17]+LR[99]           '放料点上方
MOVE ROBOT    JR[3]                    '模式二放料准备
SLEEP 1
IR[2]=5                                '放料完成
MOVE ROBOT    JR[1]                    '机器人原点
SLEEP 100
END WHILE
END IF
'放矩形蓝 1
IF IR[1]=23 THEN                       '呼叫放矩形蓝 1
MOVE ROBOT    JR[3]                    '模式二放料准备
DELAY ROBOT 1
SLEEP 1
WHILE IR[1]<>5                         '放料完成反馈
IR[2]=23                               '呼叫放矩形蓝 1 反馈
WHILE IR[2]<>24                        '执行放矩形蓝 1 中
IF IR[1]=24 THEN                       '执行放矩形蓝 1
IR[2]=24                               '执行放矩形蓝 1 中
END IF
SLEEP 100
END WHILE
MOVE ROBOT    LR[18]+LR[99]            '放料点上方
MOVES ROBOT    LR[18]VTRAN=IR[10]      '放料点
DELAY ROBOT 1
D_OUT[19] = OFF                        '真空关闭
```

```
D_OUT[20] = ON                          '真空破坏开启
DELAY ROBOT 500
CALL WAIT(D_IN[17],OFF)                 '真空关闭反馈
D_OUT[20] = OFF                         '真空破坏关闭
MOVES ROBOT   LR[18]+LR[99]             '放料点上方
MOVE ROBOT   JR[3]                      '模式二放料准备
SLEEP 1
IR[2]=5                                 '放料完成
MOVE ROBOT   JR[1]                      '机器人原点
SLEEP 100
END WHILE
END IF
'放矩形蓝 2
IF IR[1]=25 THEN                        '呼叫放矩形蓝 2
MOVE ROBOT   JR[3]                      '模式二放料准备
DELAY ROBOT 1
SLEEP 1
WHILE IR[1]<>5                          '放料完成反馈
IR[2]=25                                '呼叫放矩形蓝 2 反馈
WHILE IR[2]<>26                         '执行放矩形蓝 2 中
IF IR[1]=26 THEN                        '执行放矩形蓝 2
IR[2]=26                                '执行放矩形蓝 2 中
END IF
SLEEP 100
END WHILE
MOVE ROBOT   LR[19]+LR[99]              '放料点上方
MOVES ROBOT   LR[19]VTRAN=IR[10]        '放料点
DELAY ROBOT 1
D_OUT[19] = OFF                         '真空关闭
D_OUT[20] = ON                          '真空破坏开启
DELAY ROBOT 500
CALL WAIT(D_IN[17],OFF)                 '真空关闭反馈
D_OUT[20] = OFF                         '真空破坏关闭
MOVES ROBOT   LR[19]+LR[99]             '放料点上方
MOVE ROBOT   JR[3]                      '模式二放料准备
SLEEP 1
```

```
IR[2]=5                                    '放料完成
MOVE ROBOT    JR[1]                        '机器人原点
SLEEP 100
END WHILE
END IF
'放矩形蓝 3
IF IR[1]=27 THEN                           '呼叫放矩形蓝 3
MOVE ROBOT    JR[3]                        '模式二放料准备
DELAY ROBOT 1
SLEEP 1
WHILE IR[1]<>5                             '放料完成反馈
IR[2]=27                                   '呼叫放矩形蓝 3 反馈
WHILE IR[2]<>28                            '执行放矩形蓝 3 中
IF IR[1]=28 THEN                           '执行放矩形蓝 3
IR[2]=28                                   '执行放矩形蓝 3 中
END IF
SLEEP 100
END WHILE
MOVE ROBOT    LR[20]+LR[99]                '放料点上方
MOVES ROBOT    LR[20]VTRAN=IR[10]          '放料点
DELAY ROBOT 1
D_OUT[19] = OFF                            '真空关闭
D_OUT[20] = ON                             '真空破坏开启
DELAY ROBOT 500
CALL WAIT(D_IN[17],OFF)                    '真空关闭反馈
D_OUT[20] = OFF                            '真空破坏关闭
MOVES ROBOT    LR[20]+LR[99]               '放料点上方
MOVE ROBOT    JR[3]                        '模式二放料准备
SLEEP 1
IR[2]=5                                    '放料完成
MOVE ROBOT    JR[1]                        '机器人原点
SLEEP 100
END WHILE
END IF
'放矩形蓝 4
IF IR[1]=29 THEN                           '呼叫放矩形蓝 4
```

```
MOVE ROBOT  JR[3]                      '模式二放料准备
DELAY ROBOT 1
SLEEP 1
WHILE IR[1]<>5                         '放料完成反馈
IR[2]=29                               '呼叫放矩形蓝 4 反馈
WHILE IR[2]<>30                        '执行放矩形蓝 4 中
IF IR[1]=30 THEN                       '执行放矩形蓝 4
IR[2]=30                               '执行放矩形蓝 4 中
END IF
SLEEP 100
END WHILE
MOVE ROBOT  LR[21]+LR[99]              '放料点上方
MOVES ROBOT  LR[21]VTRAN=IR[10]        '放料点
DELAY ROBOT 1
D_OUT[19] = OFF                        '真空关闭
D_OUT[20] = ON                         '真空破坏开启
DELAY ROBOT 500
CALL WAIT(D_IN[17],OFF)                '真空关闭反馈
D_OUT[20] = OFF                        '真空破坏关闭
MOVES ROBOT  LR[21]+LR[99]             '放料点上方
MOVE ROBOT  JR[3]                      '模式二放料准备
SLEEP 1
IR[2]=5      '放料完成
MOVE ROBOT  JR[1]                      '机器人原点
SLEEP 100
END WHILE
END IF
'放矩形红 1
IF IR[1]=31 THEN                       '呼叫放矩形红 1
MOVE ROBOT  JR[3]                      '模式二放料准备
DELAY ROBOT 1
SLEEP 1
WHILE IR[1]<>5                         '放料完成反馈
IR[2]=31                               '呼叫放矩形红 1 反馈
WHILE IR[2]<>32                        '呼叫放矩形红 1 中
IF IR[1]=32 THEN                       '呼叫放矩形红 1
```

```
IR[2]=32                                    '呼叫放矩形红 1 中
END IF
SLEEP 100
END WHILE
MOVE ROBOT   LR[22]+LR[99]                  '放料点上方
MOVES ROBOT   LR[22]VTRAN=IR[10]            '放料点
DELAY ROBOT 1
D_OUT[19] = OFF                             '真空关闭
D_OUT[20] = ON                              '真空破坏开启
DELAY ROBOT 500
CALL WAIT(D_IN[17],OFF)                     '真空关闭反馈
D_OUT[20] = OFF                             '真空破坏关闭
MOVES ROBOT   LR[22]+LR[99]                 '放料点上方
MOVE ROBOT   JR[3]                          '模式二放料准备
SLEEP 1
IR[2]=5        '放料完成
MOVE ROBOT   JR[1]                          '机器人原点
SLEEP 100
END WHILE
END IF
'放矩形红 2
IF IR[1]=33 THEN                            '呼叫放矩形红 2
MOVE ROBOT   JR[3]                          '模式二放料准备
DELAY ROBOT 1
SLEEP 1
WHILE IR[1]<>5                              '放料完成反馈
IR[2]=33                                    '呼叫放矩形红 2 反馈
WHILE IR[2]<>34                             '呼叫放矩形红 2 中
IF IR[1]=34 THEN                            '呼叫放矩形红 2
IR[2]=34                                    '呼叫放矩形红 2 中
END IF
SLEEP 100
END WHILE
MOVE ROBOT   LR[23]+LR[99]                  '放料点上方
MOVES ROBOT   LR[23]VTRAN=IR[10]            '放料点
DELAY ROBOT 1
D_OUT[19] = OFF                             '真空关闭
```

```
D_OUT[20] = ON                          '真空破坏开启
DELAY ROBOT 500
CALL WAIT(D_IN[17],OFF)                 '真空关闭反馈
D_OUT[20] = OFF                         '真空破坏关闭
MOVES ROBOT   LR[23]+LR[99]             '放料点上方
MOVE ROBOT   JR[3]                      '模式二放料准备
SLEEP 1
IR[2]=5                                 '放料完成
MOVE ROBOT   JR[1]                      '机器人原点
SLEEP 100
END WHILE
END IF
'放矩形红 3
IF IR[1]=35 THEN                        '呼叫放矩形红 3
MOVE ROBOT   JR[3]                      '模式二放料准备
DELAY ROBOT 1
SLEEP 1
WHILE IR[1]<>5                          '放料完成反馈
IR[2]=35                                '呼叫放矩形红 3 反馈
WHILE IR[2]<>36                         '呼叫放矩形红 3 中
IF IR[1]=36 THEN                        '呼叫放矩形红 3
IR[2]=36                                '呼叫放矩形红 3 中
END IF
SLEEP 100
END WHILE
MOVE ROBOT   LR[24]+LR[99]              '放料点上方
MOVES ROBOT   LR[24]VTRAN=IR[10]        '放料点
DELAY ROBOT 1
D_OUT[19] = OFF                         '真空关闭
D_OUT[20] = ON                          '真空破坏开启
DELAY ROBOT 500
CALL WAIT(D_IN[17],OFF)                 '真空关闭反馈
D_OUT[20] = OFF                         '真空破坏关闭
MOVES ROBOT   LR[24]+LR[99]             '放料上方
MOVE ROBOT   JR[3]                      '模式二放料准备
SLEEP 1
IR[2]=5                                 '放料完成
```

```
MOVE ROBOT    JR[1]                          '机器人原点
SLEEP 100
END WHILE
END IF
'放矩形红 4
IF IR[1]=37 THEN                             '呼叫放矩形红 4
MOVE ROBOT    JR[3]                          '模式二放料准备
DELAY ROBOT 1
SLEEP 1
WHILE IR[1]<>5                               '放料完成反馈
IR[2]=37                                     '呼叫放矩形红 4 反馈
WHILE IR[2]<>38                              '呼叫放矩形红 4 中
IF IR[1]=38 THEN                             '呼叫放矩形红 4
IR[2]=38                                     '呼叫放矩形红 4 中
END IF
SLEEP 100
END WHILE
MOVE ROBOT    LR[25]+LR[99]                  '放料点上方
MOVES ROBOT    LR[25]VTRAN=IR[10]            '放料点
DELAY ROBOT 1
D_OUT[19] = OFF                              '真空关闭
D_OUT[20] = ON                               '真空破坏开启
DELAY ROBOT 500
CALL WAIT(D_IN[17],OFF)                      '真空关闭反馈
D_OUT[20] = OFF                              '真空破坏关闭
MOVES ROBOT    LR[25]+LR[99]                 '放料点上方
MOVE ROBOT    JR[3]                          '模式二放料准备
SLEEP 1
IR[2]=5                                      '放料完成
MOVE ROBOT    JR[1]                          '机器人原点
SLEEP 100
END WHILE
END IF
'放余料
IF IR[1]=60 THEN                             '呼叫放余料
MOVE ROBOT    JR[1]
MOVE ROBOT    JR[4]                          '模式二放余料预备点
```

```
DELAY ROBOT 1
SLEEP 1
WHILE IR[1]<>5                              '放料完成反馈
IR[2]=60                                    '呼叫放余料反馈
WHILE IR[2]<>61                             '执行放余料中
IF IR[1]=61 THEN                            '执行放余料
IR[2]=61                                    '执行放圆形红 2 中
END IF
SLEEP 100
END WHILE
MOVES ROBOT   LR[5]+LR[99] VTRAN=150        '模式二放余料位上方
MOVES ROBOT   LR[5] VTRAN=IR[10]            '模式二方放余料位
DELAY ROBOT 1
D_OUT[19] = OFF                             '真空关闭
D_OUT[20] = ON                              '真空破坏开
DELAY ROBOT 500
CALL WAIT(D_IN[17],OFF)                     '真空关闭关
D_OUT[20] = OFF                             '真空破坏关闭
MOVES ROBOT   LR[5]+LR[99]                  '模式二放料点上方
MOVE ROBOT   JR[4]                          '模式二放余料预备点
SLEEP 1
IR[2]=5                                     '放料完成
MOVE ROBOT   JR[1]                          '机器人原点
SLEEP 100
END WHILE
END IF
a
SLEEP 100
END WHILE
IR[2]=0                                     '放料完成标志位
SLEEP 100
END WHILE
END SUB
```

参 考 文 献

[1] 叶晖. 工业机器人典型应用案例精析[M]. 北京：机械工业出版社，2013.
[2] 叶晖，管小清. 工业机器人实操与应用技巧[M]. 北京：机械工业出版社，2010.
[3] 兰虎. 焊接机器人编程及应用[M]. 北京：机械工业出版社，2013.
[4] 邢美峰. 工业机器人作与编程[M]. 北京：电子工业出版社，2016.
[5] 郝巧梅，刘怀兰. 工业机器人技术[M]. 北京：电子工业出版社，2016.